THÉORIE MÉCANIQUE

DES

TÉLÉGRAPHES SOUS-MARINS

RECHERCHES

SUR LES CONDITIONS DE LEUR ÉTABLISSEMENT,

PAR

M. PHILIPPE BRETON,
Ingénieur des ponts et chaussées,

ET

M. ALPHONSE BEAU DE ROCHAS,
Ingénieur civil.

PARIS
DALMONT ET DUNOD, ÉDITEURS,
Précédemment Carilian-Gœury et Vve Dalmont,
LIBRAIRES DES CORPS IMPÉRIAUX DES PONTS ET CHAUSSÉES ET DES MINES,
Quai des Augustins, 49.

1859

THÉORIE MÉCANIQUE

DES

TÉLÉGRAPHES SOUS-MARINS.

(Extrait des *Annales Télégraphiques*, numéro de septembre-octobre 1859.)

TYPOGRAPHIE HENNUYER, RUE DU BOULEVARD, 7. BATIGNOLLES.
(Boulevard extérieur de Paris.)

THÉORIE MÉCANIQUE

DES

TÉLÉGRAPHES SOUS-MARINS

RECHERCHES

SUR LES CONDITIONS DE LEUR ÉTABLISSEMENT,

PAR

M. PHILIPPE BRETON,

Ingénieur des ponts et chaussées,

ET

M. ALPHONSE BEAU DE ROCHAS,

Ingénieur civil.

PARIS

DALMONT ET DUNOD, ÉDITEURS,

Précédemment Carilian-Gœury et Vve Dalmont,

LIBRAIRES DES CORPS IMPÉRIAUX DES PONTS ET CHAUSSÉES ET DES MINES,

Quai des Augustins, 49.

1859

THÉORIE MÉCANIQUE

DES

TÉLÉGRAPHES SOUS-MARINS

RECHERCHES

SUR LES CONDITIONS DE LEUR ÉTABLISSEMENT.

Introduction.

Ce mémoire est le produit d'études entreprises en commun par nous, en 1851 et 1852, à l'occasion de la rupture du premier fil sous-marin posé dans la Manche. En cherchant à nous expliquer les causes de cette rupture et de la différence considérable qui fut alors signalée entre la largeur du détroit et la longueur du fil qu'il fallut employer, nous fûmes conduits à déterminer complétement la théorie mécanique de l'établissement des télégraphes sous-marins, matière à ce moment absolument neuve. Après avoir pris l'avis de savants de distinction, et voyant d'ailleurs que les tentatives et expériences jusqu'ici entreprises n'étaient pas dirigées suivant les lois qui régissent ce nouvel ordre de faits, nous avons pensé qu'il serait utile de produire les résultats de nos recherches. L'importance des applications qui peuvent s'en déduire suffirait seule, au besoin, à en justifier l'étendue.

Ces résultats sont exposés dans le texte en évitant, autant que possible, les appareils de calculs et les développements spéciaux de la partie géométrique. Ces calculs ont été renvoyés dans les notes à la suite du mémoire pour ne pas trop ralentir l'exposition.

Nous prenons pour point de départ l'état actuel de l'art télégraphique; nous supposons connus les appareils électriques, les systèmes de signaux, les relais électriques disposés sur les trajets trop étendus; nous ne nous occuperons que des fils conducteurs et des moyens de les poser et de les conserver dans les mers profondes [1].

Des conditions de conservation pendant et après la pose des fils télégraphiques dans les mers profondes. — Allongement du fil.

L'établissement des fils télégraphiques sous-marins dépend de conditions très-différentes, suivant les profondeurs où ils doivent être posés. Près de la surface, l'agitation causée par les vents et les marées tend à les déplacer irrégulièrement; au-dessous du niveau où ces agitations cessent de se faire sentir, les fils sont exposés à être accrochés par les ancres à la traîne. Ainsi, jusqu'à la limite où ces dangers peuvent s'étendre, il faut que les fils soient revêtus d'une armature capable de résister aux chocs, à

[1] La rédaction de ce mémoire remonte à l'année 1855. Depuis lors, des faits nombreux sont venus confirmer l'exactitude des considérations qui y sont rapportées. Ces considérations sont d'ailleurs indépendantes des procédés d'application, et les exemples que nous en donnons dans le cours de ce travail ne doivent être considérés que comme moyens de démonstration ou comme indications de recherches.

certains frottements, en un mot, aux accidents de toute nature qui peuvent les atteindre.

Mais, au-dessous des profondeurs où ces dangers ne sont plus à craindre, l'armature extérieure devient inutile; en outre, elle devient nuisible par son poids, parce qu'elle ne peut résister à l'extension d'une manière efficace. En effet, pour qu'elle résistât efficacement, il faudrait qu'elle fût faite de manière à ne pas s'allonger plus facilement que le fil intérieur. Celui-ci, placé exactement dans l'axe du câble, ne peut s'allonger qu'autant que la substance même du métal cède à l'extension; au contraire, les fils cordés qui forment l'armature extérieure peuvent céder à l'allongement, par une simple diminution de courbure des courbes qu'ils forment les uns autour des autres et tous ensemble autour du fil intérieur, sans que la longueur réelle de chaque courbe soit altérée. Si donc on tire par les deux bouts un câble télégraphique pareil à ceux qu'on a employés jusqu'à présent, et si on augmente la tension de plus en plus, on parviendra nécessairement à rompre le fil intérieur qui sert de conducteur, lorsque l'armature extérieure sera encore à peine tendue. Celle-ci ne fait alors qu'ajouter à la charge que doit supporter seule la cohésion du fil intérieur, et diminue par conséquent la limite des profondeurs où la pose est possible. Il faut donc supprimer l'armature dès qu'elle n'est plus absolument nécessaire.

Mais cette suppression elle-même ne suffit pas pour franchir les grandes profondeurs : il faut encore alors *alléger* le fil, et pour cela le revêtir d'enveloppes volumineuses, moins pesantes que l'eau. La charge du fil diminuera ainsi en proportion du volume de l'enveloppe. Moyennant cette condition, le fil lui-même pourra résister efficacement à la rupture par extension jusqu'à des profondeurs pour lesquelles le calcul n'indique pas de limites.

On peut résumer ce qui précède, en disant que la limite des *petites* et des *grandes profondeurs* est la profondeur la plus grande où les navires peuvent traîner leurs ancres;

Les fils télégraphiques sous-marins doivent être *isolés et armés* dans les petites profondeurs;

Ils doivent être *allégés et non armés* dans les grandes profondeurs;

La condition d'un allégement suffisant suivant la profondeur embrassera surabondamment celle de l'isolement électrique.

Nous allons maintenant rechercher les conditions de l'allégement et de la pose dans les grandes profondeurs.

Équilibre d'un fil reposant sans frottement sur plusieurs points d'appui.

Un fil également lourd dans toutes ses parties, attaché à deux points fixes A et B (*pl.* 8, *fig.* 1), se tient en équilibre sous la forme d'une courbe AMB, connue des géomètres sous le nom de *chaînette*. Nous rappellerons d'abord quelques-unes de ses propriétés.

Les diverses parties du fil sont inégalement tendues : le point le plus bas M est tendu horizontalement; un des points d'attache, tel que A, est tiré par une tension penchée, suivant la tangente extrême AT de la courbe. Cette tension inclinée est la résultante d'une force horizontale égale à la tension en M, et d'une autre force verticale égale au poids de toute la partie du fil située entre le point d'attache et le point le plus bas M.

La tension qui résulte de ces deux composantes jouit

d'une propriété très-remarquable : c'est que, si l'on prend le poids d'une longueur de fil égale à la différence de niveau MN du point d'attache et du point le plus bas (différence que l'on nomme l'*ordonnée* du point le plus bas), ce poids (qu'on nomme pour abréger *poids de l'ordonnée*) étant ajouté à la tension horizontale du point le plus bas, le total donne la tension du point d'attache.

Si, maintenant, lorsque le fil a pris sa forme d'équilibre, on fixe solidement un de ses points *a*, la chaînette *a*M a ses tensions distribuées suivant les mêmes lois, c'est-à-dire que la tension en *a* est la résultante d'une composante horizontale égale à la tension horizontale du point le plus bas et d'une composante verticale égale au poids de l'arc *a*M du fil ; et cette résultante est la somme de la tension horizontale, plus le poids de l'ordonnée du point M, comptée entre les niveaux des points M et *a*.

Il résulte de là que les tensions, aux deux extrémités d'un arc quelconque *ab*, diffèrent entre elles du poids d'une longueur du fil égale à la différence *bc* des ordonnées des deux bouts de l'arc.

Concevons encore que le fil attaché en A soit prolongé vers le haut et attaché à un autre point fixe C, dont on règle la position, ainsi que la longueur de la portion de fil AC, de manière que la courbe CA se raccorde sans jarret avec la courbe AM. Ce raccordement peut se faire de plusieurs manières, et suivant que le point C auquel on a attaché le prolongement du fil se trouvera en dessus ou en dessous du prolongement de la chaînette MA, le point A sera plus ou moins tiré par le fil AM que par le fil AC. Si le point C est choisi quelque part sur le prolongement de la chaînette MA, les parties du fil CA, MA tirent également le point A en sens contraire, et alors toute la courbe CAMB appartenant à une seule et même chaînette, on peut rendre le fil libre au point A sans qu'il prenne aucun mouvement. La tension en C est alors égale à la tension horizontale en M augmentée du poids de l'ordonnée MP du point C (c'est-à-dire du poids d'une longueur de fil égale à MP).

Cette distribution des tensions du fil en divers points de l'arc de chaînette qu'il affecte et du prolongement de la même courbe est bien connue depuis longtemps des géomètres; après l'avoir rappelée, nous allons en tirer une solution très-simple d'un problème qui semble au premier coup d'œil beaucoup plus compliqué.

Le fil pesant AB demeurant attaché solidement aux points fixes A et B situés au même niveau, supposons qu'on le soulève par-dessous à l'aide de plusieurs poulies D, E, F, de dimensions très-petites et négligeables, sur lesquelles le fil peut se mouvoir sans résistance dans le sens de sa longueur; il formera une suite d'arcs de chaînettes AD, DE, EF, FB, ayant tous ensemble une longueur égale à l'arc primitif AMB; et le fil glissera en avant ou en arrière sur les poulies, jusqu'à ce qu'il s'établisse un nouvel équilibre général. Les chaînettes partielles seront déterminées par la condition que les deux éléments de fil Dd, Dd', qui tirent des deux côtés de la poulie D, soient également tendus, moyennant quoi la poulie ne tournera plus, et la petite longueur de fil pliée sur sa gorge demeurera immobile.

Or, si l'on prolonge la chaînette AD jusqu'à la rencontre en G du niveau du point d'attache A, et la chaînette ED jusqu'à la rencontre en H du même niveau, les tensions qui appartiendront à ces deux chaînettes, aux points G et H, se composeront des tensions en D, qui sont égales, augmentées du poids de l'ordonnée DK du point D. Ainsi, les tensions en G et H sont égales.

On exprime ce résultat important, en disant que le fil se tiendra en équilibre sur plusieurs points d'appui intermédiaires, suivant une série de chaînettes ayant toutes des tensions égales au même niveau, ou bien suivant des chaînettes *d'égale tension extrême.* Telle est la loi capitale qui règle la distribution des tensions d'un même fil reposant librement sur un nombre quelconque de points d'appui. Elle s'applique aux fils télégraphiques soutenus en l'air sur des isoloirs en porcelaine ; le frottement sur ces isoloirs ne trouble cette loi que pendant peu de temps après la pose. Bientôt, les vibrations que le vent imprime aux fils et aux poteaux font glisser un peu le fil sur chaque support, jusqu'à ce que, d'un bout à l'autre d'un même fil, les tensions ne changent plus qu'avec le niveau des points du fil, quels que soient les accidents de terrain dans le parcours, et le nombre, et les différences de niveau des poteaux. Alors, seulement, la chaînette qui va d'un poteau à l'autre est stable à la fois en elle-même et sous l'action des deux chaînettes voisines. L'ensemble est une suite de chaînettes caractérisée par l'égalité de tension extrême.

Il ne faut pas perdre de vue qu'en désignant cette série de chaînettes comme ayant la même tension *extrême*, nous entendons que l'*extrémité* de chacune d'elles est prise au point de rencontre de son prolongement avec un même plan de niveau supérieur, et non aux points d'appui où se réunissent deux à deux les arcs des diverses chaînettes réellement occupées par les parties successives d'un même fil.

La *loi d'égale tension extrême*, ainsi que toutes celles qui règlent la distribution des tensions, telles qu'elles sont présentées ci-dessus, s'appliquent à un fil suspendu dans le vide ; s'il est plongé dans un milieu fluide d'une densité sensiblement uniforme, comme l'air ou l'eau, toutes les tensions diminuent suivant une même proportion facile à trouver : il suffit de remplacer, dans l'exposition qui précède, le *poids du fil* par ce poids diminué de celui d'un égal volume du fluide qui l'entoure, ce qui reste prend le nom de *charge du fil;* de même, la *charge de l'ordonnée* désigne alors la charge d'une longueur de fil égale à l'ordonnée, et il suffit de substituer ci-dessus le mot *charge* au mot *poids* pour obtenir la distribution et la mesure des tensions d'un fil de densité donnée suspendu dans un milieu de densité donnée.

Par exemple, si chaque mètre de longueur d'un fil de fer a un volume de 1 centimètre cube pesant 7gr,8, le fil étant suspendu dans le vide, on trouvera ce qui concerne ses tensions au moyen des lois ci-dessus, et en attribuant à 1, 2, 3... mètres de fil des *poids* de 1, 2, 3... fois 7gr,8 ; le même fil étant suspendu dans l'eau, où chaque centimètre cube déplace 1 gramme d'eau, il faut retrancher ce gramme du poids du fer, et il restera seulement 6gr,8 pour la *charge* de 1 mètre de fil ; on attribuera donc des charges de 1, 2, 3... fois 6gr,8 à des longueurs de 1, 2, 3... mètres de fil noyé.

Mais si ce fil de fer est revêtu d'une enveloppe de gutta-percha d'un volume de 100 centimètres cubes pour chaque mètre de longueur, on aura, outre le poids de 1 centimètre cube de fer, ci. 7gr,8
celui de 100 centimètres cubes de gutta-percha, ci 96 ,0

Poids total de 1 mètre . . . 103gr,8

et le fil ainsi revêtu étant suspendu dans le vide (ou seulement dans un milieu de densité à peine sensible, comme l'air), le fer devra résister à des tensions 13 fois $\frac{1}{3}$ plus grandes que celles qu'il supportait étant nu.

Mais si le fil ainsi revêtu est suspendu dans l'eau, il faut de son poids total (comme ci-dessus). 103gr,8
retrancher le poids des 101 centimètres cubes d'eau déplacés . . . . 101 ,0

et le reste. 2gr,8

sera la *charge par mètre* du fil ainsi revêtu et plongé dans l'eau. De sorte que ses tensions dépasseront à peine le tiers de ce qu'elles étaient quand le fil nu était suspendu dans l'eau. Cet exemple montre comment on peut régler les volumes respectifs du fil de fer et de ses enveloppes, de manière à diminuer à volonté les tensions.

On peut également comprendre, dès à présent, que le volume des enveloppes devra être très-grand en comparaison de celui du fer, pour produire un allégement considérable. Ainsi, pour peu que la matière des enveloppes soit coûteuse, il y aura toujours avantage à se procurer à tout prix des fils fabriqués avec du fer de qualité supérieure; on devra encore apporter les soins les plus minutieux au travail des laminoirs et filières, enfin à tout ce qui peut augmenter la ténacité du fer et sa conductibilité électrique. En effet, plus le fer laisse passer facilement le courant électrique, moins il faut que le fil soit gros pour conduire un courant qui suffise aux besoins de la télégraphie; puis, la grosseur du fil étant ainsi déterminée, la section et la ténacité réunies déterminent la tension totale que le fil peut porter, et par suite la quantité de matière allégeante. Une petite augmentation de conductibilité diminuera un peu le poids du fer; une petite augmentation de ténacité diminuera la proportion du poids des enveloppes au poids du fer, et l'économie qui en résultera sera toujours supérieure à la dépense nécessitée par les soins de fabrication et de purification.

Ces aperçus sont placés ici pour fixer dès à présent l'attention du lecteur sur l'importance des questions d'allégement. Pour les préciser davantage, il faut avoir recours au langage algébrique ; on trouvera à cet égard quelques considérations plus étendues dans la note 5.

Définition du module.

Étant donné un échantillon de fil de fer destiné à servir de conducteur électrique et à résister à de grandes tensions, tous les constructeurs savent déterminer la plus forte charge qu'il convient de lui faire porter d'une manière permanente, pour ne pas s'exposer à des chances d'avaries ; c'est une certaine fraction comme la moitié, le tiers, le quart ou même le huitième de la charge qui romprait le fil en quelques heures. Cette fraction varie suivant la confiance que l'on peut accorder à l'uniformité de la qualité des fers essayés, et aussi avec la hardiesse de chaque constructeur et avec l'importance des accidents possibles. Cette plus forte charge d'un fil que la prudence permet d'atteindre et défend de dépasser, est ce que nous appelons sa *tension-limite*.

Un mètre de ce fil étant revêtu de ses enveloppes allégeantes, puis plongé dans l'eau de mer, perd un poids qui est celui d'un égal volume de cette eau ; cette perte étant retranchée de la somme des poids du fil et de ses enveloppes, le reste forme, comme nous l'avons expliqué ci-dessus, la *charge par mètre* du fil plongé.

Soit, par exemple, 100 kilogrammes la tension-limite d'un fil donné et $0^k,01$ ou 10 grammes la charge par mètre de ce fil revêtu d'une certaine enveloppe et plongé dans la mer : en divisant 100 kilogrammes par $0^k,01$, le quotient 10,000 marque le nombre de mètres du fil revêtu qui, plongé dans une mer très-profonde où le fil pendrait librement et d'aplomb, retenu à la surface par un seul bout, exercerait sur ce point d'attache une tension de 100 kilogrammes, égale à celle que le fil peut porter prudemment; c'est cette longueur que nous appelons le *module du fil*, que nous définissons comme il suit :

« Le module d'un fil est la longueur de ce fil qui, attaché par un bout à la surface de la mer et pendant librement dans une profondeur d'eau indéfinie, exerce sur son point d'attache une tension égale à la limite de celles que l'on peut sans danger faire porter au fil. »

Il résulte de cette définition que le module d'un fil se trouve en divisant sa *tension-limite* par la *charge par mètre* du fil plongé.

Ainsi, dans l'exemple donné ci-dessus, d'un fil contenant par mètre courant 1 centimètre cube de fer, ce qui fait 1 millimètre carré de section, et revêtu d'un volume centuple de gutta-percha, on a vu que la charge par mètre est de $2^{gr},8$; supposons que le fer soit d'une telle pureté et si bien écroui par la filière, que le millimètre carré puisse être chargé sans crainte de 100 kilogrammes, qui formeront la tension-limite : le module sera (en mètres) $\frac{100^k}{2^{gr},8}$ ou bien 12820 mètres. Si l'on tient compte de ce que l'eau de mer pèse un peu plus que l'eau pure, on trouvera une charge par mètre un peu moindre et, par suite, un module un peu plus grand.

Mais si ce même fil est revêtu, par-dessus son enveloppe de gutta-percha, d'une armature en fil de fer câblé cubant seulement 100 centimètres cubes par mètre courant et pesant 780 grammes, la charge par mètre s'accroîtra de 680 grammes et s'élèvera à $682^{gr},8$; ainsi, le module se réduira à $\frac{100^k}{682^{gr},8}$ ou à 146 mètres. On voit, par cet exemple, que l'armature rend impossible la pose dans les grandes profondeurs, tandis que le fil isolé et allégé sans armature peut être posé facilement dans des profondeurs très-grandes.

Type des chaînettes d'égale tension extrême.

Pour bien comprendre ce qui doit se passer pendant et après la pose d'un fil télégraphique, sous la condition d'égale tension extrême, il faut concevoir que le fil étant attaché au point fixe A (*fig.* 2) et roulé sur une bobine, on emporte celle-ci le long de l'horizontale AB, en laissant dérouler à mesure des longueurs de fil telles, que la tension en A demeure invariable.

On aura ainsi une suite d'arcs de chaînettes différentes, partant toutes du même point d'attache et aboutissant à divers points de l'horizontale AB. Nous avons calculé et dessiné cette suite de courbes, et nous appelons la figure qui en résulte un *type de chaînettes d'égale tension extrême.*

Le calcul se fait à l'aide des formules rapportées dans la note 1, à la suite du mémoire, dans lesquelles nous prenons pour unité linéaire le module du fil, de même que dans les formules trigonométriques on prend pour unité linéaire le rayon du cercle dans lequel on mesure les fonctions circulaires.

Les quantités dont on trouvera deux tables dans la note 1re sont, pour chaque chaînette du type :

La $\frac{1}{2}$ *corde*, comprise entre le point d'attache et la verticale qui passe par le *point le plus bas* ou par le *sommet* de la chaînette;

La *flèche*, distance du sommet de la chaînette au niveau du point d'attache ;

La $\frac{1}{2}$ *courbe*, longueur de l'arc depuis le point d'attache jusqu'au sommet de la courbe ;

Et l'*inclinaison extrême*, angle compris entre l'horizon et la tangente à la courbe au point d'attache.

Les relations entre ces quatre quantités sont données dans la note 1re par deux groupes de trois équations ; dans chaque groupe, trois de ces quatre quantités sont données au moyen de la quatrième, qui est (en terme technique) la variable indépendante : celle-ci est d'un côté la flèche et de l'autre l'inclinaison.

Celle de ces relations qui donne la demi-corde correspondante à chaque flèche a une grande importance pratique : en effet, pour chaque flèche, elle fait connaître la demi-corde et permet de marquer le sommet de la chaînette du type qui a la flèche donnée. Elle représente la courbe qui passe par tous ces sommets. Ce *lieu des sommets*, dessiné en points longs sur la figure 2, a sa tangente horizontale en A ; l'ordonnée horizontale croît avec la flèche, d'abord très-vite, puis de plus en plus lentement, jusqu'à une certaine valeur de celle-ci, qui maxime la $\frac{1}{2}$ corde ; cela arrive pour une flèche égale à $\frac{45}{100}$ du module, et alors la $\frac{1}{2}$ corde vaut $\frac{663}{1000}$ du même module. Là, le lieu des sommets a sa tangente verticale. Quand la flèche dépasse la valeur 0.45, maximante de la $\frac{1}{2}$ corde, celle-ci décroît d'abord très-lentement, puis de plus en plus vite, et se réduit enfin à zéro, quand la flèche atteint le module ; alors, le lieu des sommets a sa tangente horizontale (au fond du type). Cette courbe, parfaitement régulière et continue, montre que chaque grandeur de la $\frac{1}{2}$ corde correspond à deux flèches : l'une moindre, l'autre plus grande que la flèche maximante ; il n'y a d'exception que pour la $\frac{1}{2}$ corde maximum, qui correspond géométriquement à deux flèches, différant infiniment peu de la maximante.

En même temps que la flèche croît depuis 0 jusqu'à 1 module, et que la $\frac{1}{2}$ corde croît d'abord depuis 0 jusqu'à son maximum $0^{mod},663$, puis décroît de ce maximum à 0, l'inclinaison extrême croît continuellement depuis 0 jusqu'à un angle droit, et la $\frac{1}{2}$ courbe croît toujours depuis 0 jusqu'à 1 module. Mais la loi d'accroissement de la $\frac{1}{2}$ courbe est loin de s'accorder avec celle de la flèche, quoique l'accord existe aux limites 0 et 1 module. La différence des deux lois se voit clairement sur la figure 2, où la courbe lieu des sommets représente la relation de la $\frac{1}{2}$ corde avec la flèche, et la courbe au-dessus de l'horizon du type, la relation de la $\frac{1}{2}$ corde avec la $\frac{1}{2}$ courbe. Pour les petites flèches, les $\frac{1}{2}$ courbes diffèrent d'abord très-peu des $\frac{1}{2}$ cordes, qu'elles surpassent ensuite de plus en plus ; quand la $\frac{1}{2}$ corde cesse de croître pour devenir décroissante, la $\frac{1}{2}$ courbe continue à croître ; et, dès que la flèche s'approche du module, la $\frac{1}{2}$ courbe, toujours plus grande que la flèche, tend de plus en plus à se confondre avec elle. Ce n'est que pour la flèche égale au module et pour la $\frac{1}{2}$ corde 0, que la $\frac{1}{2}$ courbe se confond avec la flèche en grandeur et en position.

Ces particularités sont faciles à saisir dans leur ensemble, en suivant sur le dessin du type chacune des remarques qui précèdent ainsi que celles qui vont suivre.

Ce travail de lecture graphique est indispensable pour comprendre les règles pratiques que nous en déduisons.

En examinant les points où les chaînettes partant de l'origine du type reviennent aboutir sur la ligne de niveau du point d'attache (intitulée *horizon du type*, dans la figure 2), on voit ces points, d'abord très-largement espacés, se resserrer de plus en plus jusqu'à l'extrémité de la corde maximum : ce sont les points où finissent les courbes gravées en pointillé. Quand la flèche a dépassé la maximante de la $\frac{1}{2}$ corde et de la corde, les seconds bouts des chaînettes reviennent en arrière. Les courbes de cette série rétrograde (traits pleins) se coupent sous des angles très-aigus au-dessous du niveau du point d'attache. Elles touchent toutes une courbe-enveloppe dont le prolongement en dessus toucherait les prolongements des chaînettes pointillées.

Les deux séries de chaînettes sont séparées par la courbe marquée par un trait de force, qui a la plus grande corde du type. On verra bientôt que la partie du type dessinée en pointillé sera seule utile dans la pratique, et que la partie dessinée en traits pleins n'a qu'une valeur théorique.

Si l'on coupe le type par une horizontale située au-dessous du point d'attache, à une profondeur moindre que le module, on coupera toutes les chaînettes dont la flèche descend au-dessous de cette horizontale. Et si alors on transporte tous ces arcs de chaînettes parallèlement à eux-mêmes et sans changer de hauteur, de manière que tous ces arcs partent d'un même point, ces chaînettes auront toutes en ce point la même tension : elles formeront donc un nouveau type de chaînettes d'égale tension extrême, mais d'un module moindre. La différence des deux modules est précisément la profondeur de la sécante au-dessous de l'horizon du premier type. Ainsi, en nommant *base* d'un type l'horizontale menée au-dessous du point d'attache ou origine à une distance d'un module, le type primitif et le type réduit qu'on peut en tirer par l'opération indiquée auront la même base.

On peut ainsi construire facilement par le calquage autant de types réduits qu'on voudra, pour tous les modules moindres que celui qui sert de moule en quelque sorte. Dans tous ces types réduits, le lieu des sommets sera semblable. Quant aux chaînettes elles-mêmes, il faut d'abord concevoir que la figure 2 soit complétée par l'intercalation, entre deux de ses chaînettes dont la flèche diffère d'un vingtième du module, de toutes les chaînettes intermédiaires appartenant également au type, en faisant croître la flèche d'une manière exactement continue; moyennant cette conception (qui n'est pas plus difficile que celle d'une ligne continue marquée par des points espacés de distance en distance), le nombre des chaînettes de tous les types devient infini, et alors ils sont tous entièrement semblables.

Mais si l'on emploie un tracé exécuté réellement, la profondeur de la sécante passant en dessous de quelques-unes de ces courbes dessinées en nombre limité, il y aura autant de chaînettes de moins dans le type réduit qui sera donné par le calquage, et il pourra se faire qu'aucune des chaînettes de l'un des types n'ait sa semblable parmi celles de l'autre.

C'est ainsi qu'ont été réellement tracées toutes les chaînettes de la figure 3, calquées de la figure 2; les chaînettes qui, dans la figure 3, partent en avant du point C, appartiennent à un type réduit, dont le module est $\frac{88}{100}$ de celui de la figure 2, parce que ce point C est à la profondeur de $\frac{12}{100}$ au-dessous du point d'attache du type primitif. Ainsi, quand même on compléterait autant que possible ce type réduit, en y calquant toutes les chaînettes dessinées sur la figure 2 avec des flèches plus grandes que 0,12, le type réduit comprendrait toujours deux chaînettes de moins que la figure 2, et de plus, aucune de celles d'un type n'aurait sa semblable dans l'autre. Mais cela n'empêche pas que les lieux des sommets sont semblables dans les deux types ; et, en concevant que la flèche et tous les autres éléments varient ensemble d'une manière continue dans les deux figures, elles deviennent absolument semblables.

Mouvement d'un navire poseur qui développe un fil en conservant une tension extrême constante.

Supposons qu'un fil dont le module est égal à celui d'un type dessiné convenablement soit attaché par un bout au point fixe A du type (*fig.* 2), point que nous supposons situé à la surface de la mer; le reste du fil sera supposé roulé sur une bobine emportée par un navire, et la bobine serrée par un frein qui résiste au déroulement avec une force égale à la tension-limite.

Admettons, d'abord, que la côte soit coupée à pic au point d'attache, sur une hauteur au moins égale au module. Pendant que le navire avance, la bobine lâche du fil, en lui conservant toujours à la surface de la mer la tension-limite; et le fil prend successivement les formes de toutes les chaînettes pointillées du type, y compris celles que l'on doit concevoir intercalées entre celles du dessin, pour la continuité du mouvement. Le navire peut avancer ainsi jusqu'au bout de la corde maximum, qui est celle de la chaînette noire (*fig*. 2). Arrivé là, si l'on veut continuer à lâcher du fil, en maintenant la même tension extrême, il faut que le navire *recule* pour laisser prendre au fil les formes des chaînettes en traits pleins, jusqu'à ce qu'il revienne au point de départ, après avoir déroulé 2 modules du fil. Celui-ci pend alors d'aplomb sur un module de hauteur jusqu'au fond du type; là, il se replie sur lui-même en double, et remonte d'aplomb à la surface de la mer, où il rejoint le point d'attache.

S'il se trouve dans la mer un point saillant isolé, comme le point C de la figure 3, une des chaînettes pointillées viendra passer précisément par ce point; le fil viendra s'y *poser*, et dès lors le navire peut continuer sa marche en maintenant la tension extrême constante; mais la marche du navire n'est plus alors réglée par les cordes entières du type. Le fil affecte bien encore les formes des chaînettes du type, mais elles sont toutes déplacées parallèlement à elles-mêmes, sans changer de niveau, et de telle sorte qu'elles se croisent toutes au *point de pose*. En arrière du point de pose, le fil ne bouge plus; en avant, les chaînettes qu'il forme successivement, considérées au-dessous du niveau du point de pose, appartiennent à un type réduit, comme on en voit deux exemples aux points C et F de la figure 3. Il y a, toutefois, une distinction à faire entre les types réduits qui ont ces deux points pour origine respective.

Le point C représente une accore antérieure, disposée de telle sorte que les chaînettes affectées par le fil en avant de ce point passent réellement au-dessous de son niveau, et le fil lui-même dessine réellement le type réduit. Au contraire, le point F est une accore en arrière; quand le fil vient s'y poser, il commence ensuite à se plier autour de ce point, en affectant en avant des arcs de chaînettes qu'il faudrait supposer prolongés en arrière pour former au-dessous du niveau de F un type réduit tourné vers l'arrière. Puis, si le fond en avant de F commence tout de suite à descendre, il arrive un moment où le fil affecte la chaînette du type dont la flèche est précisément la profondeur de F; alors, le type réduit est fini en arrière; ensuite, le fil reprend des flèches supérieures à la profondeur de F, et dessine en avant de ce point un type réduit tourné en avant, symétrique de celui que les prolongements des chaînettes ont formé en arrière. Cette formation du type réduit en avant cesse quand le fil affecte une chaînette qui se trouve tangente au plan incliné du fond en avant de F, parce qu'alors le point de pose commence à se mouvoir d'une manière continue le long de ce plan incliné.

Sur un plan incliné, le point de pose est déterminé à chaque instant sur une des chaînettes du type, par la condition d'avoir sa tangente inclinée suivant l'inclinaison du fond. Chacune de ces chaînettes doit marcher horizontalement jusqu'à ce qu'elle touche quelque part le fond. On peut ainsi, en faisant glisser la feuille de dessin portant le profil du fond, rendre celui-ci tangent à une des chaînettes; le point de contact est le point de pose mobile, et l'arc de la chaînette qui s'étend en avant de ce point donne la forme correspondante du fil. Les points de pose d'égale inclinaison déterminés sur les diverses chaînettes viennent ainsi se ranger chacun à son tour sur le plan incliné.

Si la mer a un fond horizontal (GH, *fig.* 3) à une profondeur moindre que le module, quand le fil prendra la forme de la chaînette du type dont la flèche atteint cette profondeur, le point le plus bas du fil touchera ce fond et s'y posera ; ensuite le navire pourra continuer d'avancer, en déroulant autant de fil qu'il fera de chemin à la surface de la mer. En même temps, des longueurs égales du fil viendront se poser sur le fond plat, sans pouvoir glisser. Tant que le fond ne changera pas de profondeur, la partie du fil en mouvement entre le point de pose mobile et le navire sera la seconde moitié d'une même chaînette du type, qui marchera en avant parallèlement à elle-même. Toutefois, pendant ce mouvement, les points du fil ne marchent pas horizontalement, ils descendent tous suivant des courbes faciles à tracer (lignes ponctuées de la figure 3) pour aller se poser au fond chacun à son tour.

Règle de la pose. — Observations à faire. — Sondage continu qui en résulte.

Nous arrivons ainsi à ce procédé pour poser le fil sous une tension extrême constante. Le fil peut, par exemple, être roulé sur une bobine de dimensions suffisantes chargée sur un navire à vapeur; les joues de la bobine ont leur bord en fonte tournée et polie avec soin; on y applique des freins serrés par des ressorts ou des vis de pression. Un mécanisme convenable adapté aux freins marque à chaque instant le frottement qui a lieu entre le frein et la bobine, et en comparant le diamètre de la joue avec celui de la couche de fil roulé qui est en train de se débobiner, on déduit de la force du frottement la valeur actuelle de la tension extrême, que l'on maintient constamment égale à la tension-limite adoptée.

Il faudra faire à des intervalles de temps très-rapprochés trois séries d'observations enregistrées avec soin, en sus de la surveillance continuelle des freins :

1° On mesurera le chemin parcouru par le navire à la surface de la mer soit avec le loch, soit avec un grand moulinet analogue à celui de Woltmann, ou avec la machine inventée par M. Daniel, horloger à Marseille.

2° Un compteur monté sur un tourillon de la bobine marquera le nombre de ses tours, d'où l'on déduira, à chaque époque d'observation, la longueur de fil débobinée.

3° Un cercle divisé en degrés sera placé verticalement, de manière que son centre et le zéro de la graduation demeurent toujours de niveau ; une alidade mobile et creuse dans laquelle coulera le fil marquera, sur le limbe, l'inclinaison extrême actuelle, qui sera notée en même temps que le chemin parcouru et la longueur de fil déroulée.

On aura ainsi une donnée de plus qu'il n'en faut pour déterminer à chaque instant le point de pose, comme on va le voir.

Le type étant dessiné avec beaucoup de soin sur un module de 1 mètre et donnant les chaînettes dont l'inclinaison extrême varie de degré en degré, on se munira d'une longue bande de papier à calque quadrillée à l'avance d'une manière spéciale ; la graduation verticale représentera le mètre et ses multiples, suivant une échelle de 1 mètre pour le module du fil que l'on pose ; la graduation horizontale représentera à la même échelle le niveau de la mer développé en ligne droite dans toute la longueur de la ligne télégraphique. Lorsqu'on saura qu'on a parcouru tant de kilomètres depuis le point de départ, on marquera sur cette ligne de niveau le point N, qui figure la position actuelle du navire. En même temps, l'inclinaison extrême du fil étant lue sur le cercle divisé, on cherchera parmi les chaînettes du type celle qui possède cette inclinaison extrême. L'on posera le point N du papier transparent sur la fin de cette chaînette et on la calquera au crayon. Très-peu de temps après, une opération semblable donnera sur le papier à calque une autre chaînette qui coupera la première quelque part sous un très-petit angle : le point d'intersection sera le point de pose actuel ou du moins très-près de ce point. En continuant ainsi, on aura sur le papier transparent un sondage continu.

C'est ainsi que la figure 3 a été réellement dessinée à l'aide de la figure 2. Les positions successives du fil touchent le fond en une suite de points de pose, qui tantôt se déplacent d'une manière continue, et alors la ligne-enveloppe droite ou courbe qui touche ces chaînettes fait connaître le fond de la mer ; et tantôt le point de pose change brusquement de place sur une des chaînettes du sondage continu, et alors une partie du fil demeure définitivement suspendue en chaînette, comme les arcs CD, EF de la figure 3 ; dans ce cas, le fond demeure inconnu au-dessous de ces arcs. Malgré ces lacunes, la feuille de sondage résultant de la pose d'un fil constituera un document précieux pour la pose de nouveaux fils sur la même ligne, quand les besoins des correspondances l'exigeront.

Remarquons maintenant que, dans le procédé graphique indiqué ci-dessus, nous n'avons employé que le chemin parcouru et l'inclinaison extrême. En traçant sur la feuille de sondage les lignes de descente des points matériels du fil, on aura une nouvelle indication qui devra concorder avec les longueurs indiquées par le compteur de la bobine. De là résulte une vérification continue, ce qui n'est jamais inutile et ce qui fera apercevoir et mesurer les irrégularités imprévues qui pourraient survenir, soit par l'effet d'une marche trop rapide qui ne laisserait pas au fil le temps de se mettre, près du bateau, en équilibre sous la forme d'une chaînette du type, soit par l'action de quelque courant qui se combinerait avec le poids du fil et la pression hydrostatique de l'eau[1].

Stabilité ou instabilité de la tension effective du fil pendant la pose.

Quelque soin que l'on mette à polir les circonférences des joues de la bobine et à surveiller les freins, le tangage du navire, les agitations de la surface, les moindres courants, pourront faire varier un peu les tensions au-dessus et au-dessous de celles qui appartiennent au type. Ces

[1] On peut facilement calculer, sur une feuille de sondage exécutée suivant nos indications, le travail que le navire poseur doit fournir pour avancer en surmontant la résistance due au fil : il faut, pour cela, multiplier chaque élément du chemin à parcourir à la surface de la mer par la composante horizontale correspondante de la tension extrême; on obtient cette composante horizontale en multipliant la tension extrême par le rapport $\frac{M-f}{M}$, M étant le module et f la flèche de la chaînette de sondage. Si le fond est presque horizontal, c'est-à-dire si les profondeurs varient très-lentement, comme c'est l'ordinaire, l'intégrale des quantités $(M-f)$ multipliées par les éléments du chemin parcouru diffère très-peu de l'aire comprise entre le fond de la mer et une horizontale menée à la profondeur de 1 module au-dessous de la surface, et par conséquent plus bas que le fond.

variations n'auront pas d'inconvénient, pourvu qu'elles soient sûrement renfermées entre des limites étroites et qu'il n'y ait que de petites oscillations. Pour voir ce qui doit se passer à cet égard, il est nécessaire de considérer deux nouvelles séries de chaînettes.

Soit un fil pesant attaché à deux points fixes A et B au même niveau (*fig. 4*); on sait qu'il faudrait une tension infinie pour tendre le fil en ligne exactement droite entre A et B; en le lâchant de manière qu'il prenne une petite flèche PN entre ces mêmes points, sa tension aux points A et B diminue; si on lâche une très-grande longueur de fil, de manière qu'il pende presque d'aplomb au-dessous d'A et de B, à une grande profondeur, les tensions aux points d'attache peuvent croître de nouveau sans limite. Donc, une des chaînettes que le fil peut affecter entre A et B donne sur ces points d'attache une tension moindre que toutes les autres chaînettes de même corde. Il est facile de démontrer que celle qui réduit ainsi au minimum la tension en A ou en B est semblable à la chaînette que nous avons tracée en noir sur le type de la figure 2, c'est-à-dire à celle qui a la plus grande corde avec la tension extrême constante. En d'autres termes, le fil étant attaché en A et retenu en B par un étau fixe qui peut en lâcher des longueurs plus ou moins grandes, lorsque le fil sera tendu jusqu'en ligne droite, les tensions extrêmes seront très-grandes; si l'étau lâche du fil en B, ce qui allonge l'arc sans changer la corde, la tension extrême décroîtra à mesure que la flèche PN augmentera, jusqu'à l'instant où la distance AB sera à la flèche PM de la courbe dans le rapport de $1^{mod},326$ à $0^{mod},45$, ou à peu près de 2.95 à 1. Passé ce rapport, tout allongement de l'arc qui fera tomber le point le plus bas Q du fil au-dessous de M augmentera de plus en plus les tensions en A et B. Ainsi, quand le fil affecte la chaînette bleue A QB, si l'on veut diminuer la tension extrême, il faut retirer du fil dans l'étau B, au lieu d'en lâcher davantage.

Supposons maintenant que le fil étant attaché en A à un point fixe (*fig.* 5), son autre bout soit saisi par un étau mobile B que l'on peut déplacer à volonté le long de la ligne de niveau AB. On ne pourra pas donner à la distance AB une valeur exactement égale à la longueur du fil, car il faudrait une tension infinie; avec une tension très-grande, le fil s'abaissera très-peu au-dessous de la ligne droite, suivant la courbe A*m*B; à mesure que l'étau mobile B se rapprochera en B′, B″, B‴, etc., de l'attache fixe A, et que le fil pendra plus bas, suivant les chaînettes d'égale longueur A*m*′B′, A*m*″B″, A*m*‴B‴, etc., la tension décroîtra toujours jusqu'à ce que les deux bouts du fil soient réunis en A; alors, le fil pend en double, suivant la verticale AM, et la tension extrême sur chacun de ses bouts se réduit exactement au poids de la moitié du fil. Dans toute autre position, ce poids de la moitié du fil n'est que la composante verticale de la tension extrême, et celle-ci est toujours plus grande que cette composante.

Ceci bien compris, considérons un navire qui pose un fil suivant le procédé expliqué ci-dessus, et supposons que le travail du propulseur cesse un moment : le navire, retardé par la résistance de la mer et tiré en arrière par le fil en cours de pose, perd sa vitesse acquise et s'arrête. Alors, la bobine lancée continue à tourner quelque temps ; si la chaînette que forme le fil appartient à la partie supérieure du type (celle qui est gravée en pointillé sur la figure 2), ce mouvement de la bobine fait décroître la tension, par suite le frein devient prépondérant et il arrête le déroulement. Après quoi, la tension conservée par le fil tire le navire en arrière, et la tension diminuant encore, le frein demeure prépondérant. Il faut que le navire se remette en marche et augmente la tension du fil jusqu'à ce qu'elle surmonte la résistance du frein, pour que le déroulement recommence. Le frein suffit donc alors pour maintenir la tension extrême non pas absolument constante, mais au moins *stable*, c'est-à-dire pour qu'elle oscille entre des limites étroites, pourvu que le fil reste dans la partie supérieure du type.

Le tangage produira de moindres oscillations dans la valeur réelle de la tension extrême à chaque instant. Quand l'arrière du navire monte ou descend, le déroulement s'accélère ou se retarde, parce que la tension devient un peu plus grande ou un peu moindre que la résistance du frein.

Si, au contraire, à un instant donné, le fil avait la forme d'une des chaînettes du type gravées en trait plein sur la figure 2, un temps d'arrêt pendant la marche du navire et même un simple abaissement de l'arrière pendant le tangage, laissant dérouler un peu de fil sans allonger la corde de la courbe, la tension *augmenterait* au lieu de diminuer, et le frein, au lieu de devenir prépondérant, deviendrait de plus en plus *insuffisant*. On ne pourrait donc jamais compter sur ce moyen de sûreté; les parties du fil qui viennent de quitter la bobine seraient exposées à des tensions notablement supérieures à la tension-limite; en même temps, on n'aurait plus au fond que de petites tensions horizontales, trop faibles pour empêcher le fil de se tortiller par l'effet de la courbure permanente contractée pendant son séjour sur la bobine. Tout serait donc compromis, le fil exposé à se rompre, à s'enrouler inutilement au fond, à se traîner par saccades sur la vase ou sur les rochers, à s'embrouiller et à se nouer lorsqu'on rétablirait la tension normale. Ainsi s'expliquent, selon toute apparence, la plupart des accidents survenus dans les tentatives essayées jusqu'à ce jour, et sans doute aussi ceux qui viendront entraver toute nouvelle entreprise du même genre, dès qu'on voudra franchir de grandes profondeurs sans connaître les vraies lois mécaniques de la pose.

Choix du module d'après la plus grande profondeur.

Il résulte de cette efficacité du frein dans un cas et de son impuissance dans l'autre, qu'il ne faut jamais aller jusqu'à une profondeur de $\frac{45}{100}$ du module. Si un fil a 1000 mètres de module, il ne faut pas essayer de le poser dans des profondeurs de 450 mètres, car là commence un danger imminent, et pour conserver un peu de marge, il est bon de ne pas dépasser 400 mètres.

Réciproquement, si l'on connaît la plus grande profondeur de la mer sur une ligne où l'on voit poser un fil, on fera en sorte que cette plus grande profondeur soit moindre que les $\frac{45}{100}$ du module; nous sommes d'avis d'adopter le rapport de $\frac{40}{100}$ ou de $\frac{2}{5}$. On prendra donc pour module *deux fois et demie la plus grande profondeur*, et on réglera en conséquence la proportion de fer et de matière allégeante

Sur les profondeurs de l'Atlantique.

M. Babinet, de l'Académie des sciences, a exposé dans la *Revue des Deux-Mondes* de 1854 comment on peut, en observant à la surface de la mer la vitesse de propagation des vagues, déduire la profondeur : il indique 4800 mètres pour la moyenne de l'Atlantique, tirée d'observations de ce genre. Si l'on admet que la moyenne soit les deux tiers des plus grandes profondeurs, celles-ci doivent s'élever à 7200 mètres, ce qui exigerait un module de 18 kilomètres (deux fois et demie 7200 mètres). Si, au contraire, la profondeur maximum sur la ligne qui sera adoptée surpasse peu la moyenne, si elle n'est par exemple que de 3 kilomètres, un module de 7 kilomètres et demi suffira.

Il faut donc d'abord rechercher et coordonner les mesures originales dont M. Babinet a donné le résultat moyen, et au besoin les compléter par de nouvelles observations sur les lignes entre lesquelles le choix peut hésiter. Mais, dès à présent, on peut présumer qu'on aura quelquefois à traverser des profondeurs de 6 à 7 kilomètres, exigeant des modules de 15 à 18 kilomètres. Ces profondeurs seront assurément toujours inaccessibles pour le système des câbles ou des fils armés; on ne pourra les franchir qu'avec des fils *très-allégés*. Reste à savoir à quelle limite de profondeur les substances allégeantes et isolantes, telles que le caoutchouc, la gutta-percha, le suif, etc., conserveront leur légèreté et leur faculté isolante.

Influence possible des grandes pressions.

Il est probable que la compressibilité de l'eau, insensible pour des pressions de 1 ou 2 atmosphères, produit une condensation notable sous celles de 6 ou 700 atmosphères. En outre, à ces grandes profondeurs, l'eau de mer peut être plus salée qu'à la surface. Ces deux causes, en augmentant la densité, tendent à faciliter l'allégement. D'autre part, les substances allégeantes qu'on peut employer et le fer lui-même ne peuvent manquer de se comprimer sous ces énormes pressions, et, déplaçant moins d'eau, perdront moins de poids. Si la compression de la matière des enveloppes est dans un certain rapport avec celle de l'eau, les deux effets se compenseront, la charge par mètre demeurera constante, et le fil se tiendra encore en équilibre sous la forme de chaînettes.

S'il arrivait qu'à une certaine profondeur, la densité de l'eau de mer surpassât la densité moyenne du fil allégé, il ne pénétrerait pas dans ces profondeurs et flotterait comme sur un fond impénétrable sur la limite où sa charge par mètre s'annulerait. De là résulteraient de graves inconvénients dus à la mobilité de ce fond fluide, inconvénients tels qu'il deviendrait indispensable de diminuer les enveloppes pour faire plonger le fil jusqu'au fond solide.

Si les compressions respectives de l'eau et des enveloppes font varier la charge par mètre, les chaînettes seront remplacées par de nouvelles courbes funiculaires, dont le bas aura plus ou moins de courbure que les chaînettes remplacées. Or, comme la charge par mètre d'un fil allégé, quoique variable avec la profondeur, sera toujours la même pour des profondeurs égales, il est facile de démontrer que la loi de pose sous tension extrême constante sera toujours la condition pratique nécessaire, pour que les parties du fil, une fois posées, restent en place sans glisser en avant ni en arrière. De même aussi, la série des nouvelles courbes funiculaires formera un type qui différera plus ou moins de celui des chaînettes, et qui aura une corde maximum pour une flèche déterminée; et cette flèche, maximante de la corde, sera encore la limite des profondeurs où le frein peut assurer la stabilité de la tension extrême.

Ce qui est le plus à craindre, c'est qu'à une certaine limite de profondeur, la matière des enveloppes ne devienne aussi dense ou même plus dense que l'eau environnante. Dans le cas d'égalité, l'allégement dû à l'enveloppe se réduirait à zéro, et le fil au-dessous de la limite où cela arriverait se trouverait chargé exactement comme s'il était plongé nu dans l'eau. Alors, en calculant le module d'un fil nu pour une tension-limite égale à celle que ce fil peut conserver à la profondeur où l'allégement disparaît, ce module particulier ajouté à cette profondeur donnerait la limite accessible par sondage vertical.

Deux autres actions de la pression auront peut-être des inconvénients plus graves, savoir : l'action chimique et l'altération de la faculté isolante.

On ne peut savoir d'avance si une pression de plusieurs centaines d'atmosphères ne développera pas de nouvelles affinités chimiques de la substance des enveloppes avec l'eau de mer ou avec les sels qu'elle tient en dissolution ; dans ce cas, le composé qui en résultera peut se trouver plus lourd que l'eau ambiante, ou bien être conducteur de l'électricité et laisser dissiper le courant.

Peut-être encore l'eau de mer, sous ces énormes pressions, pénétrera-t-elle à travers les enveloppes sans les altérer chimiquement, mais de manière à leur ôter la faculté isolante ; ou bien le fer lui-même, ainsi comprimé, venant à s'écrouir comme dans une puissante filière, deviendra-t-il mauvais conducteur. Toutefois, s'il est permis de conjecturer, il semblerait qu'une compression du fer, parfaitement régulière comme celle d'un milieu fluide, devra plutôt le rendre meilleur conducteur ; mais l'expérience seule peut prononcer sur toutes les questions relatives aux grandes pressions.

Détermination expérimentale de la profondeur-limite.

Supposons que l'on ait en vue l'établissement d'un télégraphe sous-marin sur une ligne dont les profondeurs d'eau atteignent par exemple 6 kilomètres. On préparera un peu plus de 12 kilomètres d'un fil allégé, en réglant la proportion du fer et de la matière allégeante pour un module de 15 kilomètres ; ce fil, roulé sur une bobine convenable et chargé sur un navire, sera transporté en un point où la mer ait cette profondeur de 6 kilomètres, et où l'on se mettra en panne pour procéder à une grande expérience préalable, à peu près comme il suit. Quelques dispositions de détail inutiles à développer ici seront faciles à trouver en cours d'exécution.

Le premier bout du fil par lequel l'enroulement sur la bobine a commencé doit rester libre au dehors de la bobine, et on observe comment un courant lancé dans ce fil se transmet à l'autre extrémité ; ensuite, le second bout étant retenu à une extrémité du navire et la bobine à l'autre extrémité, on laisse tomber le fil dans la mer comme une double sonde, en lâchant la bobine. De temps en temps, on arrête le mouvement de descente, et on observe la transmission du courant ainsi que la tension du fil à l'endroit où il plonge dans la mer. Lorsque la longueur de fil noyé dépassera huit ou dix fois la distance des deux points d'entrée dans l'eau, la moitié de cette longueur sera sensiblement égale à la profondeur actuelle du point le plus bas. Ainsi, en déroulant 200 mètres de fil entre deux temps d'arrêt, on placera le point le plus bas à des profondeurs croissant de 100 mètres en 100 mètres. Supposons que, lorsque le fil plonge ainsi à 1,000, 1,100, 1,200, 1,300 mètres, etc., la tension au point d'entrée dans l'eau s'élève successivement à 100^k, 101^k, 102^k,1, 103^k,3, etc.; ces tensions étant mesurées avec soin par un bon dynamomètre, les accroissements 1 kilogramme, 1^k,1, 1^k,2 qui correspondent aux onzième, douzième, treizième hectomètres de profondeur, montreront qu'à ces profondeurs la charge par mètre du fil s'élève à 10, 11, 12 grammes. Généralement, la différence des tensions entre deux temps d'arrêt consécutifs divisée par la différence des profondeurs, donnera la charge par mètre qui existe moyennement entre ces deux profondeurs.

Outre la tension on observe, à chaque temps d'arrêt, si le courant électrique lancé dans le fil éprouve quelque résistance ou quelque déperdition, et on prend des mesures précises de ces effets. On a ainsi la valeur effective des deux effets mécanique et électrique des grandes pressions.

Après avoir retiré le fil avec toutes les précautions convenables pour ne pas le briser, il faudra examiner avec soin ses diverses parties, comparer les altérations qu'il aura subies avec les pressions d'eau que ses diverses parties auront supportées et avec les variations observées dans la charge par mètre et dans l'isolement électrique.

De cette comparaison, on pourra tirer des moyens plus ou moins efficaces de corriger les inconvénients observés.

Si, au-dessous d'une certaine profondeur, aucune substance ne conserve la faculté d'isolement électrique, cette limite sera infranchissable pour les télégraphes ; et si, à quelque autre profondeur, toutes les substances essayées se compriment jusqu'au point d'égaler ou de surpasser la densité de l'eau ambiante, il en résultera une autre limite où la pose des fils deviendra impossible. La moins profonde de ces deux limites sera la plus grande profondeur accessible, que nous appelons la *profondeur-limite*.

Si, sur la ligne télégraphique que l'on étudie, on trouve partout le fond de la mer avant d'atteindre la profondeur-limite, le succès sur cette ligne est assuré, et ce, moyennant l'emploi d'enveloppes allégeantes, dont la proportion sera déterminée exactement à l'aide des mesures prises de la charge par mètre à diverses profondeurs.

Emploi restreint du fil armé aux abords des côtes.

Les conditions particulières aux grandes profondeurs ne dispensent pas de traverser la zone des petites profondeurs aux abords des côtes, aux points de départ et d'arrivée ainsi qu'aux stations intermédiaires, dont on voudrait profiter pour y établir des relais électriques. Ces traversées se feront par un fil armé dont l'armature s'arrêtera au point où la profondeur devient *grande*. La pose du point de jonction du fil armé et du fil allégé exige quelques soins particuliers.

Soit en effet (*fig.* 6) AC un fil *armé* attaché au point fixe A à la surface de l'eau, pendant au-dessous suivant un arc de chaînette, et continué par un fil *allégé* CB qui remonte jusqu'à la surface de la mer, suivant un arc d'une autre chaînette. L'équilibre exige que le point de jonction C soit tiré également en sens contraires, c'est-à-dire que les deux chaînettes aient en C la même tangente et la même tension. Les tensions en A et B sont donc inégales quoiqu'au même niveau ; car, pour avoir celle du fil armé en A, il faut de la tension commune en C retrancher la charge d'une longueur de fil armé égale à l'ordonnée CD du point de jonction ; et pour trouver la tension en B, il faut de cette même tension en C retrancher la charge d'une longueur de fil allégé égale à cette même ordonnée CD. Ainsi, on trouve la différence des tensions en A et en B, en multipliant l'ordonnée CD du point de jonction par la différence des charges par mètre respectives du fil armé et du fil allégé.

Soit maintenant (*fig.* 7) RB une portion de fil armé déjà posé dans une petite profondeur, continuée par la portion en cours de pose BC de fil armé, destinée à s'appliquer sur le fond BF. Là commencent les grandes profondeurs, et le fil à la suite de F doit être allégé et non armé. En conséquence, l'arc BC du fil armé en cours de pose est continué par l'arc CD du fil allégé qui commence à se dérouler. CB fait partie d'une chaînette ABC appartenant à un type qui a le même module que le fil armé, et CD d'une chaînette appartenant au type du grand module du fil allégé. Ainsi, pendant la descente du point de jonction C, le frein appliqué à la grande bobine ne suffit pas pour maintenir à ce point la tension qui convient à chaque instant de la descente.

Pour obvier à cet inconvénient, il faut attacher au point de jonction une ancre suffisamment lourde, et la soutenir pendant la descente à l'aide d'un câble auxiliaire CE, que l'on file sur une embarcation particulière, en même temps que le navire poseur emporte en avant la bobine du fil allégé. L'ancre étant arrivée au fond en F, on décroche le câble auxiliaire et l'on n'a plus à s'occuper que du fil allégé, tant que l'on reste dans les grandes profondeurs.

Seulement, comme le fil armé doit pouvoir se déplacer un peu par l'effet des chocs et tiraillements auxquels il est destiné à résister, il importe d'empêcher que ces mouvements ne se communiquent au fil allégé qui fait suite. Pour cela, il faut recouvrir l'ancre d'un massif inébranlable, comme serait un grand tas de béton échoué dans des sacs à moitié pleins (Voir le point B de la figure 3).

Lorsque, après avoir franchi les grandes profondeurs, le navire poseur approchera des côtes du point d'arrivée ou d'une station intermédiaire, un certain point du fil allégé viendra se poser sur un nouveau point d'attache sous-marin, déterminé à l'avance et repéré par des bouées. Avant que ce point du fil entre dans la mer, on pourra le reconnaître exactement, couper là ce fil, le souder avec le bout d'un fil armé, recouvrir la soudure d'une enveloppe isolante, accrocher au point de jonction ainsi préparé une ancre et un câble auxiliaire. Alors on mouillera l'ancre avec les précautions convenables, on la couvrira d'une charge fixe pour en faire un bon point d'attache sous-marin, et enfin on posera le fil armé jusqu'au rivage, en s'aidant d'un type de même module que ce fil.

Tracé des lignes télégraphiques.

Pour trouver les lignes qu'il convient de choisir pour y placer les fils télégraphiques sous-marins, il faut, sur une bonne carte de la mer que l'on veut traverser, rapporter la limite des profondeurs que nous qualifions petites et grandes, c'est-à-dire une ligne de niveau du fond dont la profondeur surpasse un peu celle où les navires peuvent laisser traîner leurs ancres. En outre, si l'expérience préalable indiquée ci-dessus montre que les enveloppes perdent leur légèreté et leur faculté isolante au delà d'une certaine profondeur-limite, il faut encore tracer sur la même carte la ligne qui présente cette limite des plus grandes profondeurs accessibles. Sur une carte marine ainsi complétée, la recherche des lignes télégraphiques les plus convenables peut se faire en général : 1° en traversant carrément, c'est-à-dire au plus court, ou suivant une ligne de plus grande pente, la zone des petites profondeurs devant les points de départ et d'arrivée et devant les stations des relais électriques ; 2° en cherchant les lignes les plus courtes que l'on puisse inscrire dans la zone des grandes profondeurs accessibles, entre deux points d'attache sous-marins. Dans l'étude d'un tel tracé, il faudra éviter absolument de toucher la limite des plus grandes profondeurs accessibles, et même se tenir toujours à une certaine distance de cette ligne, parce que plus on s'en rapprochera, plus il faudra des enveloppes épaisses et coûteuses. L'autre bord de la zone des grandes profondeurs accessibles ne présentera pas le même inconvénient, car si on peut trouver une ligne qui passe partout à des profondeurs peu supérieures à celle où les ancres sont à craindre, ce sera la ligne la moins coûteuse possible, puisque la pose et la conservation du fil exigeront le moindre allégement. Ce ne serait qu'autant qu'on entrerait sans nécessité dans la zone des petites profondeurs, que l'on s'exposerait inutilement aux embarras et aux dépenses des points d'attache sous-marins et des fils armés. On comprend que les principes de ce tracé pourront, dans les applications, donner lieu à des solutions multiples, entre lesquelles le choix dépendra du coup d'œil de l'ingénieur. Les indications générales doivent se borner à ces deux points : 1° éviter absolument la limite des plus grandes profondeurs accessibles et s'en tenir éloigné ; 2° éviter aussi d'entrer sans nécessité dans la zone des petites profondeurs, mais s'en rapprocher s'il n'y a pas de motifs contraires.

Conclusions pratiques.

Nous appellerons *petites profondeurs* celles où les navires peuvent laisser traîner leurs ancres. Toute profondeur que les ancres ne peuvent atteindre s'appellera une *grande profondeur*.

Les fils télégraphiques sous-marins doivent être *isolés et armés* dans les petites profondeurs, *isolés, allégés et non armés* dans les grandes.

Dans l'un et l'autre cas, les fils doivent être posés sous une *tension extrême constante* mesurée continuellement à l'endroit où le fil en cours de pose plonge dans la mer.

La tension extrême d'un fil télégraphique quelconque doit être une certaine fraction à déterminer, suivant les règles de la prudence, de la tension qui romprait le fil conducteur. C'est ce que nous nommons la *tension-limite*.

La *charge par mètre* d'un fil est le poids de 1 mètre de ce fil revêtu de ses enveloppes isolantes et allégeantes, ainsi que de son armature, s'il s'agit d'un fil armé, diminuée du poids d'un égal volume d'eau de mer.

Le *module* d'un fil est la longueur de ce fil qui, pendant librement et d'aplomb dans une profondeur indéfinie d'eau de mer, produit sur la section du fil qui entre dans l'eau la tension-limite qu'il peut porter sans danger. On l'ob–

tient en divisant la tension-limite par la charge par mètre.

La plus grande profondeur où l'on puisse poser un fil donné avec une sécurité complète, est les *deux cinquièmes du module.*

Pour poser un fil sur une ligne donnée, il faut régler la section du fil, ainsi que le volume et le poids de ses enveloppes et armatures, de manière que le module soit *deux fois et demie la plus grande profondeur à franchir.*

On posera le fil sous la condition de tension extrême constante, en réglant cette tension sur le navire qui emporte le fil au moyen d'un frein convenablement serré.

Pourvu que le module soit au moins deux fois et demie la plus grande profondeur, la tension extrême de la partie du fil qui vient de quitter la bobine oscillera entre des limites étroites autour de la tension-limite adoptée. Mais, si on essaye de poser le fil dans des profondeurs surpassant les *quarante-cinq centièmes* du module, le moindre accident qui augmentera un peu la tension rendra le frein impuissant, et entraînera ainsi à la bobine un déroulement accéléré, et au fond de la mer des enroulements irréguliers, avec danger imminent de rupture.

Toute diminution ou augmentation de la tension extrême du fil tend à faire reculer ou avancer les parties déjà posées, en glissant sur le fond. Tant que la tension extrême ne change pas, les parties déjà posées ne tendent point à glisser sur le fond.

Le *type des chaînettes d'égale tension extrême* est une série de chaînettes partant d'un même point d'attache, aboutissant sur l'horizontale de ce point, et ayant toutes la même tension au même niveau.

La *partie utile* du type comprend les chaînettes dont la flèche est entre 0 et 0,45 du module commun des chaînettes du type. Elle contient toutes les chaînettes que le fil doit affecter successivement pendant la pose, ainsi que celles des parties du fil qui restent flottantes, suspendues entre deux points saillants du fond.

On dessinera avec soin, sur une échelle suffisante, la partie utile du type pour en extraire les *courbes de sondage*, c'est-à-dire les chaînettes affectées successivement par le fil en cours de pose. A cet effet, on observera à des intervalles de temps rapprochés le chemin parcouru par le navire poseur, la longueur de fil déroulée et l'inclinaison extrême du fil. Le chemin parcouru déterminera, pour chaque époque d'observation, le point d'entrée d'une courbe que l'on choisira parmi les chaînettes du type d'après l'inclinaison observée. On placera, au bout de cette chaînette, le point d'entrée rapporté suivant l'échelle sur la *feuille de sondage* en papier transparent, et on calquera la courbe de sondage.

Les *lignes-enveloppes* des courbes de sondage sont des *ignes de pose* le long desquelles le fil s'applique au fond de la mer, qui se trouve ainsi connu partout où le point de pose se déplace d'un mouvement continu.

Lorsque le point de pose se déplace brusquement, en changeant tout à coup de position, d'une quantité sensible sur une des courbes de pose, un arc de cette courbe demeure suspendu dans la mer, au-dessus d'une partie du fond qui reste inconnue.

Si plusieurs courbes de sondage se croisent en un même point, c'est un *point de pose isolé*, qui est en général une accore tournée vers l'avant ou vers l'arrière.

Avant d'entreprendre l'exécution d'une grande ligne sous-marine, il importe de procéder à des *études et expériences préalables :* 1° réunir, coordonner, vérifier et compléter tous les renseignements que l'on pourra obtenir sur les profondeurs de la mer que l'on se propose de franchir, les consigner sur une bonne carte, et tracer entre les points de départ et d'arrivée la ligne qui paraîtra offrir le plus de chances de succès ; 2° préparer pour l'expérience préalable un fil allégé dont le module soit deux fois et demie la plus grande profondeur reconnue sur la ligne que l'on essaye, et dont la longueur soit au moins double de cette profondeur. Ce module sera d'abord calculé comme si la charge par mètre devait rester constante à toutes les profondeurs.

Ces préparatifs terminés, on laissera tomber le fil dans l'endroit le plus profond de la ligne à explorer, en retenant à bord les deux bouts du fil d'expérience, dont l'un est accroché à un dynamomètre, tandis que l'autre tient à une bobine d'où le fil se déroule. On arrêtera le mouvement de descente de distance en distance, pour observer la tension marquée par le dynamomètre et la transmission du courant électrique dans toute l'étendue du fil. On calculera les charges par mètre aux diverses profondeurs des temps d'arrêt. On essayera, au besoin, diverses substances pour en former des enveloppes, et on choisira celle qui conservera sa légèreté et sa faculté isolante à la plus grande profondeur.

Si on ne trouve aucune substance qui demeure suffisamment légère et isolante jusqu'au fond, il y en aura une qui conservera ces deux propriétés plus bas que les autres substances essayées ; *la profondeur-limite* où ces deux propriétés subsistent est la limite des plus grandes profondeurs accessibles aux télégraphes.

On tracera, sur une carte marine, la limite des petites et des grandes profondeurs, ainsi que la ligne de la profondeur-limite. C'est dans la zone comprise entre ces deux lignes (*zone des grandes profondeurs accessibles*) que l'on tracera autant que possible la plus grande partie du développement des lignes télégraphiques définitives, en évitant absolument la profondeur-limite et tâchant même de s'en éloigner, en se tenant de préférence près de la limite des petites profondeurs, mais en évitant de toucher cette limite sans nécessité; enfin, en traversant à peu près au plus court la zone des petites profondeurs auprès des points extrêmes de la ligne et de ses relais. Les points où le tracé définitif coupera la limite des petites profondeurs seront des *points d'attache sous-marins* dans lesquels se réuniront un fil armé et un fil allégé. Chaque point d'attache sous-marin sera fixé par une ancre recouverte d'une construction inébranlable.

Si le tracé définitif adopté traverse des profondeurs où l'expérience préalable ait montré que la charge par mètre varie avec la profondeur, il faudra préparer un type de courbes funiculaires différentes des chaînettes en ce qu'on fera varier la charge par mètre, suivant la loi déduite de l'expérience préalable. Ces nouvelles funiculaires d'égale tension extrême formeront un nouveau type qui peut être exécuté par un procédé purement graphique, au moyen d'une transformation de type de chaînettes expliquée dans la note 4. Le nouveau type aura, comme celui des chaînettes, une corde maximum correspondant à une flèche maximante qu'il ne faudra pas atteindre, si l'on veut que le frein conserve toujours la stabilité de la tension extrême. L'emploi du type des funiculaires d'égale tension extrême, pour tirer des observations faites pendant la pose la connaissance des parties du fond où le fil s'applique, sera le même que celui du type des chaînettes.

Moyennant les conditions et procédés ci-dessus, la possibilité des télégraphes en mer profonde est démontrée. Hors de ces conditions, ces télégraphes sont impossibles.

NOTES.

NOTE 1.

Sur le calcul et le dessin du type des chaînettes d'égale tension extrême.

Nommons (*fig.* 8, *pl.* 8) :

h la demi-corde AE d'une chaînette AGF ayant en A et F la tension-limite que le fil peut porter ;

f la flèche EG ;

c l'arc AG de la courbe entre le point d'attache A et le sommet G ;

α l'inclinaison extrême entre l'horizontale AB et la tangente à la courbe en A.

En prenant pour unité linéaire le module AC et la flèche pour variable indépendante, on a les trois équations ci-dessous :

$$(1) \qquad h = (1-f)\mathrm{l.}\,\frac{1+\sqrt{f(2-f)}}{1-f}$$

$$(2) \qquad c = \sqrt{f(2-f)}.$$

$$(3) \qquad \cos\alpha = 1-f.$$

La démonstration de ces équations n'offre aucune difficulté, en partant de l'équation très-élégante de la chaînette, lorsqu'on prend son axe de symétrie pour axe des ordonnées, et que l'on place l'origine au-dessous du point le plus bas de la courbe à une distance égale au rayon de courbure de ce point le plus bas. Il suffit de remarquer que, dans le cas présent, le rayon de courbure du sommet G est égal à la hauteur GH au-dessus de l'horizontale menée au-dessous de AB à 1 module de distance, c'est-à-dire, suivant notre notation, à $1-f$.

En prenant l'inclinaison pour variable indépendante, les trois formules ci-dessus sont remplacées par les suivantes :

(4) $$h = \cos \alpha \mathrm{l}. \frac{1 + \sin \alpha}{\cos \alpha},$$

(5) $$c = \sin \alpha,$$

(6) $$f = 1 - \cos \alpha.$$

(Dans ces expressions l. est le signe des logarithmes népériens.)

L'équation (1) représente le lieu des sommets, en considérant f comme abscisse verticale et h comme ordonnée horizontale. En égalant à 0 la dérivée $\frac{dh}{df}$, on obtiendrait une équation dont la racine réelle donnerait la flèche maximante de la corde ; mais cette équation est d'une forme telle, qu'on ne peut la résoudre que par tâtonnement.

Les formules (4), (5), (6) sont les plus commodes pour le calcul, même lorsque la flèche est donnée. Alors, en effet, on entre dans une table de logarithmes des nombres avec $(1 - f)$; on trouve ainsi log cos α, avec lequel on entre dans une table des log sin et des log cos. On obtient à la fois l'inclinaison en degrés et minutes, et le logarithme de la $\frac{1}{2}$ courbe. La suite du calcul est très-facile. Nous l'avons fait pour des flèches variant par vingtièmes du module, depuis 0 jusqu'à 1 module, pour servir à la construction de la figure 2. Pour cet usage, trois décimales sont plus que suffisantes.

Voici le résultat de ce calcul.

Table des éléments d'un type de chaînettes d'égale tension extrême, pour des flèches variant par vingtièmes du module pris pour unité, depuis 0 jusqu'à 1 module.

FLÈCHE f	$\frac{1}{2}$ CORDE h	$\frac{1}{2}$ COURBE c	INCLINAISON EXTRÊME α	OBSERVATIONS.
0	0	0	0	
0,05	0,307	0,312	18°12′	Les chaînettes de cette partie supérieure du type seront seules employées dans l'exécution des télégraphes.
0,10	0,420	0,436	25 50	
0,15	0,498	0,527	31 47	
0,20	0,555	0,600	36 52	Elles toucheraient le prolongement de la courbe-enveloppe de la partie inférieure, si on les prolongeait suffisamment au-dessus du niveau du point d'attache commun.
0,25	0,597	0,662	41 25	
0,30	0,627	0,714	45 34	
0,35	0,648	0,760	49 28	
0,40	0,659	0,800	53 08	
0,45	0,663	0,835	56 38	Demi-corde maximum. Limites des deux parties du type.
0,50	0,659	0,866	60 00	Les chaînettes de cette partie inférieure du type n'ont qu'une valeur théorique. Elles ne doivent point être employées dans la pratique, parce qu'elles rendraient impossible le règlement continu de la tension extrême.
0,55	0,647	0,893	63 15	
0,60	0,627	0,917	66 26	
0,65	0,599	0,937	69 31	
0,70	0,562	0,954	72 33	
0,75	0,516	0,968	75 31	
0,80	0,459	0,980	78 28	Elles touchent toutes la courbe-enveloppe au-dessous du niveau du point d'attache commun.
0,85	0,388	0,989	81 22	
0,90	0,299	0,995	84 16	
0,95	0,184	0,999	87 09	
1 mod.	0	1 mod.	90 00	

Mais pour construire en grand la partie utile du type, pour faire l'épure qui servira dans l'exécution à couvrir la feuille de sondage des courbes affectées successivement par le fil, il est préférable de prendre immédiatement l'inclinaison pour variable indépendante, puisque cette quantité, observée directement, sera celle qui fera choisir telle ou telle chaînette du type.

Voici ce calcul, exécuté de degré en degré, avec cinq décimales exactes :

Table des éléments d'un type de chaînettes d'égale tension extrême pour des inclinaisons extrêmes variant de degré en degré, depuis 0 jusqu'à l'inclinaison maximante de la $\frac{1}{2}$ corde.

(Le module est pris pour unité linéaire.)

INCLINAISON EXTRÊME α	$\frac{1}{2}$ CORDE h	FLÈCHE f	$\frac{1}{2}$ COURBE c	INCLINAISON EXTRÊME α	$\frac{1}{2}$ CORDE h	FLÈCHE f	$\frac{1}{2}$ COURBE c	INCLINAISON EXTRÊME α	$\frac{1}{2}$ CORDE h	FLÈCHE f	$\frac{1}{2}$ COURBE c
0	0,00000	0,00000	0,00000	20°	0,33489	0,06031	0,34202	40°	0,58442	0,23396	0,64279
1°	0,01741	0,00015	0,01745	21	0,35010	0,06642	0,35837	41	0,59310	0,24529	0,65606
2	0,03489	0,00061	0,03490	22	0,36510	0,07282	0,37461	42	0,60133	0,25686	0,66913
3	0,05231	0,00137	0,05234	23	0,37986	0,07950	0,39073	43	0,60910	0,26865	0,68200
4	0,06970	0,00244	0,06976	24	0,39437	0,08645	0,40674	44	0,61640	0,28066	0 69466
5	0,08705	0,00381	0,08716	25	0,40863	0,09369	0,42262	45	0,62323	0,29289	0,70711
6	0,10434	0,00548	0,10453	26	0,42263	0,10121	0,43837	46	0,62955	0,30534	0,71934
7	0,12157	0,00745	0,12187	27	0,43634	0,10899	0,45399	47	0,63537	0,31800	0,73135
8	0,13872	0,00973	0,13917	28	0,44977	0,11705	0,46947	48	0,64067	0,33087	0,74315
9	0,15579	0,01231	0,15644	29	0,46290	0,12538	0,48481	49	0,64544	0,34394	0,75471
10	0,17276	0,01519	0,17365	30	0,47571	0,13397	0,50000	50	0,64966	0,35721	0,76605
11	0,18964	0,01837	0,19081	31	0,48821	0,14283	0,51504	51	0,65331	0,37068	0,77715
12	0,20638	0,02185	0,20791	32	0,50038	0,15195	0,52992	52	0,65640	0,38434	0,78801
13	0,22300	0,02563	0,22495	33	0,51220	0,16133	0,54464	53	0,65889	0,39818	0,79864
14	0,23948	0,02970	0,24192	34	0,52367	0,17096	0,55919	54	0,66077	0,41221	0,80902
15	0,25582	0,03407	0,25882	35	0,53477	0,18085	0,57358	55	0,66204	0,42642	0,81915
16	0,27198	0,03874	0,27564	36	0,54550	0,19098	0,58779	56	0,66267	0,44081	0,82904
17	0,28800	0,04370	0,29237	37	0,55584	0,20136	0,60182	56° 27′ 53″	0,66274 [1]	0,44855	0,83355
18	0,30382	0,04894	0,30902	38	0,56578	0,21199	0,61566	57°	0,66265	0,45536	0,83867
19	0,31946	0,05448	0,32557	39	0,57534	0,22285	0,62932	60°	0,65848		

[1] Valeur exacte de la corde maximum et valeurs correspondantes de l'inclinaison, de la flèche et de la $\frac{1}{2}$ courbe.

Dessin du type. — Lorsqu'au moyen de deux valeurs correspondantes de h et de f rapportées en AE, EG (*fig.* 8), on a construit le sommet G d'une des chaînettes du type, le tracé de la courbe peut se faire en entier au moyen des rayons de courbure, sans employer aucun calcul. En effet, du sommet G, on abaisse d'aplomb GH jusqu'à la *base* du type (horizontale menée à 1 module au-dessous du point d'attache), et au-dessus de G on porte dans la même verticale GI = GH. Le point I est le centre du cercle osculateur de la chaînette en G, et comme ce rayon de courbure est un minimum, l'osculation est d'un ordre plus élevé que pour les autres points de la courbe.

Au-dessus du point d'attache et d'un rayon égal au module, on décrit le quart de cercle KL, et sur son rayon vertical KA on prend KM = f. Alors, l'horizontale du point M coupe le quart de cercle en un point N, tel que l'angle KAN a pour cosinus AM. AN est donc la normale en A à la courbe demandée. Cette normale prolongée coupe l'horizontale du point K au point O, qui est le centre de courbure de la chaînette en A. Les cercles osculateurs en G et A étant dessinés, il arrivera, pour un certain nombre de chaînettes du type, qu'ils se toucheront à l'épaisseur près du trait, en un point de contact situé sur la droite OI : pour toutes ces courbes, ces deux cercles donneront un tracé aussi juste que possible de la $\frac{1}{2}$ courbe de A en G.

Si ces deux cercles osculateurs ne se touchent pas sensiblement, il faut insérer entre eux d'autres cercles intermédiaires, que l'on trace comme il suit :

On conserve du cercle osculateur en G un arc Gm d'une amplitude d'au moins 8 ou 10 degrés ; on mène l'ordonnée mp du point m à la base du type, et on la retourne en dessus suivant la même verticale en mq. L'horizontale du point q coupe le prolongement de mI au point o, qui se confond sensiblement avec le centre de courbure de la chaînette en m. Du centre o et d'un rayon om on trace en montant un petit arc mm_1, puis on opère sur m_1 comme on l'a fait sur m, c'est-à-dire que l'on renverse dans la position m_1q_1 l'ordonnée m_1p_1, et l'horizontale de q_1 coupe le prolongement de m_1o en un point o_1 qui se confond sensiblement avec le centre de courbure de la chaînette en m_1. Ainsi, du centre o_1 et d'un rayon o_1m_1, on trace en montant un petit arc m_1m_2, etc. En continuant cette marche, on arrive bientôt à un arc de cercle qui touche sensiblement le cercle osculateur de la chaînette en A. Il ne reste plus qu'à retourner la demi-courbe Gmm_1m_2...A dans la position symétrique GF de l'autre côté de la flèche.

On peut aussi s'aider de la développée deuxième de la chaînette, ou du moins du cercle osculateur de cette développée deuxième correspondant au sommet. En effet, il est facile de reconnaître que ce cercle osculateur a son centre en H et passe par I. Si donc on trace ce cercle (centre H, rayon HI), et si on trace sa développante première partant de I, puis une développante deuxième assujettie à passer par G, celle-ci aura, avec la chaînette demandée, un contact en G d'un ordre tellement élevé, qu'elle ne s'en séparera pas sensiblement dans une étendue considérable.

Les courbes dessinées par ce procédé sont, pour l'œil le plus exercé, parfaitement continues, et peuvent tenir lieu des chaînettes exactes dans les opérations graphiques les plus délicates. Leur exécution devient très-prompte et très-facile, quand on commence par couvrir la feuille de dessin, entre AB et CH, d'une suite d'horizontales équidistantes, et que l'on prépare au-dessus, entre A et K, une autre suite d'horizontales à une équidistance double. Le procédé s'applique avec succès à toute la partie utile du type : pour les grandes flèches seulement, le rayon de courbure en A prend une grandeur d'un usage incommode ; mais alors, comme les courbes dont il s'agit n'ont plus qu'un usage théorique, il suffit parfaitement de tracer par les cercles osculateurs la partie inférieure de ces courbes, que l'on termine à vue d'œil au moyen de la tangente en A.

Lorsque des chaînettes du type sont dessinées, on peut déterminer facilement sur chacune d'elles son point de contact avec l'enveloppe. A cet effet, on mène par l'origine A du type (*fig.* 2) une tangente à une de ces chaînettes jusqu'à sa rencontre en T avec la base du type, puis de T, on mène une deuxième tangente à la même chaînette. Le point de contact E de celle-ci est un point de l'enveloppe, où TE touche à la fois une des chaînettes et leur enveloppe commune.

NOTE 2.

Sur les chaînettes à pesanteur convergente.

On peut demander ce que deviendrait la courbe d'équilibre d'un fil sollicité par des forces qui, au lieu d'être parallèles, comme la pesanteur l'est sensiblement dans une petite étendue, auraient des directions convergentes vers un point. Nous avons nommé cette sorte de courbe funiculaire, une *chaînette à pesanteur convergente.* Voici quelques-unes des propriétés de cette courbe dont la chaînette ordinaire est un cas particulier.

Soit (*fig.* 9), attaché à deux points fixes A et B, un fil dont tous les éléments d'égale longueur sont attirés également par le point C, et AMB la courbe dans laquelle le fil se tient en équilibre.

1° Si du centre attirant on abaisse CT perpendiculaire sur la tangente au point N de la courbe, le produit de cette distance CT par la tension du fil en N, ou le *moment de la tension par rapport au centre attirant*, est constant pour tous les points de la courbe. — Ce moment est le même que celui de la composante horizontale de cette tension par rapport au centre C, c'est-à-dire le produit du rayon vecteur CN par la tension projetée sur NH perpendiculaire à CN. On exprime cette propriété en disant que le *moment de la tension elle-même* est égal au *moment de sa composante horizontale, et qu'il est constant pour tous les points du fil.*

(Si, les points d'attache restant les mêmes, le centre attirant s'éloigne à l'infini, cette propriété se change en celle des chaînettes ordinaires où la composante horizontale de la tension est constante.)

2° Soit N' un second point pris à volonté sur la courbe, dont le rayon vecteur CN' coupe en L le cercle de rayon CN qui a son centre en C : l'arc NL est une ligne de niveau par rapport à la pesanteur convergente, et la différente N'L des deux rayons vecteurs est la *différence de niveau* des points N et N'. Cela posé, le poids ou la charge (suivant que le fil flotte dans le vide ou dans un fluide de densité uniforme) d'une longueur de fil égale à N'L s'appelle le *poids* ou la *charge de la différence de niveau*, et donne la *différence des tensions* en N et N'.

(Cette propriété se retrouve identiquement dans la chaînette ordinaire à pesanteur parallèle.)

3° Si l'on divise la tension en un point D de la courbe par la charge par mètre ou le poids par mètre, pour avoir la longueur de fil dont la charge ou le poids égale la tension en D, cette longueur représente le rayon de courbure de la courbe en D projeté sur la verticale de ce point, c'est-à-dire sur le prolongement du rayon vecteur CD.

Il suit de là que, si M est le point le plus bas de la courbe et O son centre de courbure, en prenant au-dessous de M et d'aplomb MQ=MO et menant du centre C le cercle de niveau qui passe en Q, on pourra construire le rayon de courbure en D, comme il suit. Le vecteur CD coupe en R le cercle de niveau du point Q ; sur le prolongement de CD on prend DS=DR, puis on mène par S une perpendiculaire à CS qui coupe la normale à la courbe en D au point V qui est le centre de courbure demandé. De là résulte un procédé graphique très-simple pour tracer de proche en proche une suite d'arcs de cercle raccordés, qui s'écartent très-peu de la chaînette à pesanteur convergente. C'est ainsi qu'a été dessinée réellement la courbe de la figure 9.

(Cette propriété et le procédé graphique, qu'on en tire se retrouvent identiquement dans la chaînette ordinaire à pesanteur parallèle.)

4° Les chaînettes à pesanteur convergente ont deux asymptotes passant par le centre attirant, et faisant entre elles un angle aCb qui est l'*amplitude* de la chaînette. La courbe (considérée dans toute son étendue géométrique) est symétrique de part et d'autre de la bissectrice CM de son amplitude.

Les chaînettes à pesanteur convergente de même amplitude sont semblables. Lorsque le centre attirant s'éloigne à l'infini, les deux asymptotes s'écartent à une distance infinie, en même temps qu'elles deviennent parallèles. Les chaînettes ordinaires sont des chaînettes à pesanteur convergente d'amplitude nulle (comme les paraboles sont des hyperboles d'amplitude nulle).

Sans qu'il soit nécessaire de mener à bout le calcul des chaînettes à pesanteur convergente, nous allons montrer que, dans l'application aux télégraphes sous-marins, la convergence des directions de la pesanteur n'altérera pas d'une manière désavantageuse la forme des chaînettes que le fil affecterait, si la pesanteur était parfaitement parallèle.

Soit (*fig.* 10) ADENFGB un fil attaché à deux points fixes A et B au même niveau, en équilibre sous l'action d'une pesanteur parallèle. Supposons ensuite que toutes les forces qui sollicitent les éléments du fil changent de direction sans changer de grandeur, et deviennent convergentes vers un point C situé quelque part sur la perpendiculaire au milieu P de la corde AB, et voyons ce que deviendront la courbe du fil et ses tensions extrêmes.

D'abord la ligne de niveau entre A et B ne sera plus la droite APB, mais l'arc de cercle AMB, dont le centre est en C. De là résulte un accroissement de profondeur du point le plus bas égal à la flèche MP de l'arc AMB.

En outre, la pesanteur des parties du fil très-voisines des points d'attache sera déviée d'un angle très-voisin de la moitié de l'angle ACB que font maintenant les pesanteurs en A et B ; ainsi ces parties du fil rentreront en dedans de la courbe primitive. Et comme la longueur du fil ne change pas, il faudra que la partie moyenne passe en dessous pour conserver la même longueur totale. La nouvelle courbe AHEQFIB coupera l'ancienne en deux points symétriques, E, F, et son point le plus bas se placera à une certaine distance NQ, au-dessous de celui de la courbe primitive. De là résultera un deuxième accroissement de profondeur du point le plus bas.

Dans la chaînette primitive, la tension en A était la somme de la tension horizontale en N et du poids de la flèche PN ; dans la nouvelle courbe, cette tension est la somme de la tension horizontale en Q et du poids de la profondeur totale MQ. Ainsi la tension actuelle en A surpasse celle de la courbe primitive du poids d'une longueur de fil égale à MP+NQ, moins la quantité dont la tension du milieu du fil a diminué pendant que ce point du fil s'est abaissé de N en Q.

L'inclinaison extrême de la courbe, qui se mesurait d'abord entre la droite AB et la tangente en A à la courbe ADE, se mesurera maintenant entre la tangente en A à l'arc AMB et celle à la nouvelle courbe AHE. Cette inclinaison a donc augmenté d'un côté de la moitié de l'angle ACB, et diminué de l'autre de l'angle DAH, qui est du même ordre de grandeur et très-peu moindre. Si ACB est très-petit, l'inclinaison extrême augmente d'une quantité très-petite du second ordre qui est négligeable.

L'arc AHE est moins courbé que l'arc ADE. Il a donc un plus grand rayon de courbure. Et puisque l'inclinaison extrême n'a pas varié sensiblement, il faut que la projection du nouveau rayon de courbure sur la nouvelle verticale GA soit plus grande que la projection de l'ancien rayon de courbure sur l'ancienne verticale. Par conséquent la tension en A a augmenté un peu, mais d'une quantité un peu moindre que la somme des poids de la flèche MP et de l'abaissement NQ.

Supposons maintenant que la chaînette primitive était une des chaînettes pointillées de notre type : la convergence de la pesanteur ayant un peu augmenté la tension en A, celle-ci surpasse un peu la tension-limite du fil, et pour le ramener à cette tension-limite, il faut lâcher un peu de fil, et par suite accroître encore la profondeur actuelle MQ du point le plus bas, déjà supérieure à la flèche primitive PN. Ainsi la convergence de la pesanteur permet d'atteindre des profondeurs un peu plus grandes que si la pesanteur était exactement parallèle. Ce résultat est avantageux à la réussite de l'opération, mais on va voir que son importance pratique est peu de chose.

Pour apprécier cette importance, admettons qu'on veuille poser un fil sous-marin dans une profondeur uniforme de 10 kilomètres, limite probablement supérieure aux profondeurs qu'on aura jamais à traverser. On a adopté en conséquence un module de 25 kilomètres; la chaînette ordinaire de 10 kilomètres de flèche aura (suivant la petite table, page 489) une $\frac{1}{2}$ corde égale à 659 millièmes de 25 kilomètres, ou à 16,465 mètres, embrassant sur un grand cercle terrestre un angle au centre de moins de 9 minutes; la flèche d'un arc double, prise dans le même grand cercle, est de $11^{m},06$. Par conséquent, à une aussi énorme profondeur, et lorsque le point de pose se trouvera à plus de 4 lieues du navire poseur, la convergence de l'attraction terrestre pourra ajouter à la limite des profondeurs accessibles un petit supplément, que l'on peut évaluer à 20 ou 30 mètres au plus. Pour des profondeurs deux ou trois fois moindres, ce supplément serait quatre ou neuf fois moindre. C'est donc bien peu de chose, et selon toute apparence les compressions de l'eau et des enveloppes allégeantes signalées dans le texte seront bien plus importantes.

Au reste, on pourrait au besoin obtenir en quantités finies l'équation polaire de la chaînette à pesanteur convergente, en employant les fonctions elliptiques, ou bien développer cette équation en série convergente; mais on peut être assuré d'avance que ce calcul ne sera jamais autre chose qu'une simple curiosité géométrique. Nous dirons seulement que cette recherche se simplifie notablement en exprimant les rayons vecteurs, leurs angles de direction et les arcs de courbe en fonction de l'angle du vecteur et de la courbe, angle pris pour variable indépendante. Alors, les équations différentielles approximatives s'intègrent sans difficulté, à l'aide de fonctions logarithmiques et circulaires.

NOTE 3.

Sur les variations de la pesanteur suivant les distances au centre de la terre.

On sait que la pesanteur dans l'intérieur d'un globe homogène (c'est-à-dire d'égale densité) est proportionnelle aux distances au centre, parce que les attractions de la matière d'une couche sphérique concentrique au globe sur un point situé en dedans de cette couche se font équilibre sur ce point. Mais, eu égard à la fluidité intérieure de la masse de la terre et à ses agitations, les couches les plus profondes doivent être formées des substances les plus denses, par le simple effet des lois de la stabilité de l'équilibre. De plus, chaque couche intérieure étant comprimée par le poids des couches supérieures, la densité doit croître avec la profondeur, lors même que toute la masse serait chimiquement homogène. Aussi Laplace, ayant adopté une hypothèse sur la loi des densités, avait trouvé que la pesanteur, au lieu de diminuer dans les grandes profondeurs, doit augmenter, au contraire, suivant une loi qui produirait un accroissement de $\frac{1}{26400}$ pour 385 mètres de profondeur à partir de la surface. M. Édouard Roche a présenté, le 26 décembre 1854, à l'Académie des sciences, une note théorique sur les densités moyennes des couches du globe à diverses profondeurs; l'hypothèse qu'il a soumise au calcul l'a conduit à un accroissement de $\frac{1}{19550}$ pour cette même profondeur de 385 mètres, qui est celle du puits de mine où M. Airy a institué une belle suite d'observations comparatives du pendule. Enfin, suivant les résultats communiqués par M. Airy, ses expériences indiquent un accroissement de pesanteur de $\frac{1}{19190}$ depuis l'entrée jusqu'au fond du puits.

Admettons provisoirement que ce puits soit percé dans des roches deux fois et demie plus denses que l'eau de mer. Il est facile de calculer que, si celle-ci n'avait aucune densité, les pesanteurs à la surface et à 385 mètres de profondeur différeraient de $\frac{1}{8260}$; et en leur attribuant les deux cinquièmes de la densité des roches où est percé le puits de mine, une simple interpolation proportionnelle indique une augmentation de $\frac{1}{10700}$ pour cette même profondeur de 385 mètres, qui correspond proportionnellement à $\frac{1}{412}$ pour chaque kilomètre de profondeur en mer. Pour des profondeurs de 10 kilomètres, cet effet augmenterait donc d'environ $\frac{1}{41}$ la charge par mètre du fil, toutes choses d'ailleurs égales.

Cet accroissement de la charge étant proportionnel à la profondeur où se trouve chaque point du fil, il se confondra avec celui qui résultera de la compression des enveloppes isolantes, lequel sera fonction de la profondeur aussi bien que l'allégement qui sera dû à la compression de l'eau de la mer. On tiendra compte de toutes ces variations à la fois dans la note suivante.

NOTE 4.

Sur la construction d'un type de funiculaires d'égale tension extrême, quand la charge par mètre varie en fonction de la profondeur.

Quand l'expérience préalable décrite dans le texte aura fait connaître les valeurs de la charge par mètre d'un fil donné à diverses profondeurs, on procédera graphiquement, comme il suit, à la construction d'un type comprenant toutes les funiculaires d'égale tension extrême que le fil peut affecter.

On partagera la profondeur totale qu'on aura sondée en une suite de tranches horizontales, assez nombreuses pour que la charge par mètre du fil éprouvé varie peu, depuis le dessus jusqu'au dessous de chaque tranche.

Cela fait, on conservera les chaînettes du type primitif dont nous avons donné la construction dans la note 1, dans l'épaisseur de la première tranche. Celles de ces courbes qui ne descendent pas jusqu'au bas de la première tranche, seront tracées en entier ; les autres s'arrêteront à leur point de rencontre avec le dessous de la première tranche.

Ensuite on préparera un premier type auxiliaire de chaînettes d'égale tension extrême, où l'on adoptera pour tension-limite la tension que le fil doit avoir au bas de la première tranche, avec la charge par mètre qui convient moyennement à la deuxième tranche. Chaque arc de chaînette qui descend à travers la première tranche et aboutit sur la seconde, sera continué dans celle-ci par une de celles du premier type auxiliaire, déterminée par la condition d'avoir une inclinaison extrême qui se raccorde sans jarret avec le bas de l'arc qu'il s'agit de continuer.

Celles des chaînettes du premier type auxiliaire ainsi choisies qui n'atteignent pas le dessous de la deuxième tranche remonteront immédiatement jusque sous la première tranche, et là elles seront raccordées avec des arcs du type primitif, égaux et symétriques à ceux qui descendent du point d'attache à la deuxième tranche. Les chaînettes du premier type auxiliaire qui atteindront le dessous de la deuxième tranche s'y arrêteront, pour être continuées dans la troisième tranche par des chaînettes chiosies de même dans un deuxième type auxiliaire. Celui-ci aura pour tension-limite la tension que le fil doit avoir à la limite des deuxième et troisième tranches, et la charge par mètre qui convient à la troisième tranche.

En continuant ainsi jusqu'au fond, on obtiendra une première approximation du *type de funiculaires*, où le défaut de continuité de la variation attribuée à la charge par mètre se manifestera de plusieurs manières : 1° les funiculaires qui traversent la première tranche seule, celles qui traversent les deux premières tranches seules, celles qui traversent les trois premières tranches, etc., formeront autant de groupes laissant de petites lacunes entre eux ou empiétant un peu les uns sur les autres, suivant le sens du défaut de continuité ; 2° tous les sommets des courbes devront être marqués distinctement, et le lieu de ces points ne formera pas une seule courbe continue, mais (*fig.* 11) une suite d'arcs tels que AB′, B″C′, C″D′, D″E′. On répartira les erreurs au moyen d'une courbe A*bcde*, passant par les milieux de B′B″, C′C″, D′D″, touchant AB′ en A, coupant B″C′, C″D′, D″E′ aux milieux des hauteurs des deuxième, troisième, quatrième tranches. Le lieu des sommets étant ainsi corrigé, il sera facile de corriger les arcs de chaînettes composant chaque funiculaire, et de faire disparaître les petites lacunes ou les petits recouvrements des groupes de courbes ; 3° les funiculaires de la première approximation dessineront aussi des arcs discontinus de courbes-enveloppes : après la correction, l'enveloppe se présentera comme une seule courbe sensiblement continue. Toutefois, ce dernier caractère sera peu utile dans la pratique, car si l'on trouve que les courbes funiculaires tracées par le procédé ci-dessus forment leur enveloppe au-dessous du niveau du point d'attache, on sera averti que la profondeur totale sur laquelle on opère dépasse la profondeur maximante de la corde des funiculaires cherchées; ainsi on devra renoncer à l'emploi du fil essayé, et en essayer un autre plus allégé, pour lequel la profondeur sondée n'atteigne pas la maximante de la corde des nouvelles funiculaires.

Dans ce travail, la préparation des types auxiliaires de chaînettes peut être en partie évitée, ou du moins très-facilitée, par les remarques sur les types réduits consignées dans le texte. Certains détails seront plus promptement achevés par des calculs numériques que par le dessin. En définitive, on trouvera peut-être ce procédé mixte un peu long, un peu minutieux, mais il est très-praticable, sans difficulté sérieuse, et un dessinateur sachant calquer s'en tirera encore assez vite.

Le résultat sera tout aussi bon pour la pratique, tout aussi juste dans la réalité matérielle, que les nombres que pourraient donner des calculs bien plus laborieux, fondés sur des intégrations peut-être inabordables, si ce n'est par la méthode imparfaite des séries. Ici comme dans beaucoup de cas analogues, les épures valent mieux que les formules, surtout à cause de la clarté extrême des vérifications de toute nature, fondées soit sur des coïncidences, soit sur des conditions de continuité.

NOTE 5.

Sur la détermination des volumes du fil conducteur et des enveloppes allégeantes.

Le choix du métal qui servira de conducteur, celui de la matière des enveloppes, et la détermination du rapport précis des quantités de ces deux sortes de matériaux, suivant le module exigé en raison des profondeurs, donnent lieu à des questions qu'il serait difficile d'exposer clairement sans le secours de l'algèbre et de sa représentation graphique. Mais ces questions offrant un intérêt considérable dans les applications réelles, il nous a paru nécessaire d'en présenter ici les solutions sous une forme abrégée, suffisante pour les hommes spéciaux.

Nous nommerons :

Π le poids de 1 mètre cube d'eau de mer;

π celui de la matière de l'enveloppe allégeante;

σ celui du métal conducteur;

ε la tension-limite pour une section de 1 mètre carré du métal employé comme conducteur;

ω la section en mètres carrés du fil conducteur;

Ω celle de l'enveloppe allégeante;

m le rapport des sections $\frac{\Omega}{\omega}$, que nous appellerons aussi le *rapport d'allégement;*

T la tension-limite du fil;

p la charge par mètre du fil plongé;

M le module $=\frac{T}{p}$.

On a d'abord :

$$T=\varepsilon\omega;$$

et d'autre part, en retranchant du poids du fil et de son enveloppe celui du volume d'eau déplacé, le tout pour 1 mètre de longueur :

$$p=\sigma\omega+\pi\Omega-\Pi(\omega+\Omega),$$

ou bien, en remplaçant Ω par $m\omega$:

$$p=\omega\left[\sigma-\Pi-m(\Pi-\pi)\right].$$

Ces expressions de T et p divisées l'une par l'autre donnent celle du module :

$$M=\frac{\varepsilon}{\sigma-\Pi-m(\Pi-\pi)}. \tag{1}$$

Il est utile, pour faciliter certaines recherches, de résoudre cette équation par rapport aux diverses quantités qui y restent. Voici les formules qui résultent de ce calcul :

$$\varepsilon=M\left[\sigma-\Pi-m(\Pi-\pi)\right], \tag{2}$$

$$m=\frac{\sigma-\Pi}{\Pi-\pi}-\frac{\varepsilon}{M(\Pi-\pi)}, \tag{3}$$

$$\Pi-\pi=\frac{\sigma-\Pi}{m}-\frac{\varepsilon}{Mm}. \tag{4}$$

L'équation (1), indépendante d'ω, montre d'abord que le module est indépendant des dimensions absolues du fil ; il est proportionnel à la ténacité ε ; il dépend en outre des trois densités et du rapport d'allégement.

L'équation (2) montre que, toutes choses égales d'ailleurs, la ténacité dont on aura besoin sera proportionnelle au module, et par conséquent aux profondeurs à franchir.

On voit, par l'équation (3), que le rapport d'allégement se compose d'un terme constant, diminué d'une quantité proportionnelle à la ténacité et en raison inverse du module : ce terme constant forme la limite supérieure du rapport d'allégement, qui ne change pas tant que les trois densités ne changent pas. Cette limite prend le nom de *rapport d'allègement complet*, parce que si on adoptait cette valeur, le fil se trouverait allégé au point de ne pas peser plus que l'eau. Il serait alors en équilibre indifférent ; la charge par mètre étant nulle, le fil n'aurait à résister à aucune tension. Dans ce cas, le module devient infini, et le rapport d'allégement complet est indépendant de ε. Nous avons des motifs graves pour considérer comme impossible la conservation d'un fil indifférent, c'est-à-dire complétement allégé.

Pour pouvoir réduire nos formules en table graphique, il ne faut y conserver que trois variables. Or, la densité de l'eau de mer varie fort peu ; nous la supposerons de 1026 kilogrammes par mètre cube. Celle du fer de toutes les qualités varie également fort peu, et nous prendrons $\sigma = 7788$ kilogrammes toujours pour 1 mètre cube. La densité des enveloppes peut varier davantage, car on pourra essayer diverses substances ; nous adopterons, pour particulariser les formules, la valeur qui convient au caoutchouc et à la gutta-percha, 940 kilogrammes par mètre cube.

Faisant donc $\Pi = 1086$, $\pi = 940$, et $\sigma = 7788$, les équations (1), (2) et (3) deviennent :

$$(1)' \qquad M = \frac{\varepsilon}{6762 - 86m},$$

$$(2)' \qquad \varepsilon = M(6762 - 86m),$$

$$(3)' \qquad m = \frac{6762}{86} - \frac{\varepsilon}{86M}.$$

Dans l'équation (1)', la grandeur du module ne varie plus qu'avec la ténacité du fer et avec le rapport d'allégement, deux choses qui se payent, puisque l'une représente la qualité du fer, et l'autre la proportion de matière allégeante.

Il ne reste plus ici de variables que M, ε et m, que l'on peut considérer comme trois coordonnées rectangulaires dans l'espace. Alors (1)′ ou ses transformations (2)′ et (3)′ représentent un paraboloïde hyperbolique équilatère, qui est coupé par des plans normaux à l'axe des m suivant des droites rencontrant ledit axe. De là résulte la construction d'une table graphique sur papier quadrillé.

Les valeurs de ε et celles de M sont comptées suivant deux lignes du quadrillage partant de l'origine des coordonnées O (*pl.* 9, *fig.* 1). Il y a des fers dont le millimètre carré peut à peine porter 10 kilogrammes avec sécurité, et d'autres, les plus purs, ne rompent que sous une charge de 150 kilogrammes par millimètre carré, ce qui permet de charger ce millimètre jusqu'à 50 kilogrammes. Il faut donc faire varier ε de 10 à 50 kilogrammes par millimètre carré, ou de 10 à 50 millions de kilogrammes par mètre carré. Nous représentons les résistances à une échelle de 2 millimètres pour 1 kilogramme de charge par millimètre carré. Quant au module, nous supposons qu'il puisse s'étendre jusqu'à 30 kilomètres, ce qui arrivera pour des profondeurs de 12 kilomètres, probablement supérieures à celles des mers qu'il faudra franchir. Nous représentons les modules sur une échelle horizontale de 5 millimètres par kilomètre.

Pour placer sur l'horizontale supérieure de la table les points correspondants à une suite de valeurs de m, il faut faire $\varepsilon = 50\,000\,000$ dans (1)′, ce qui donne, pour exprimer le module en mètres,

$$M = \frac{50\,000\,000}{6762 - 86m};$$

et comme la table représente les modules à l'échelle de $\frac{5}{1\,000\,000}$, le nombre de millimètres M′ qui, pour cette ténacité du fer, figure le module correspondant à chaque valeur de m, est

$$(1)'' \qquad M' = \frac{250\,000}{6762 - 86m}.$$

On donne dans cette expression une suite de valeurs à m, en commençant par zéro, et on va jusqu'à ce que M′ devienne supérieur à 150 ; on compte les valeurs calculées de M′ sur l'horizontale de la table cotée 50 kilogrammes, à partir de l'axe des résistances, et les points ainsi placés sont joints à l'origine par des droites convergentes. On supprime la partie du papier quadrillé à gauche de la première convergente qui correspond à $m=0$, c'est-à-dire au cas où le fil de fer est plongé nu dans la mer. Les autres convergentes sont cotées chacune de la valeur correspondante de m.

La valeur 60 attribuée à m ayant donné un module plus grand que 30 kilomètres (représentés par 150 millimètres), on place la suite des valeurs de m sur la verticale à droite de la table ; à cet effet, il faut prendre la formule (2)' et y faire M=30 000 mètres, ce qui donne, pour les ténacités que le fer doit avoir afin de procurer ce module,

$$\varepsilon = 30\,000\,(6762^{k} - 86^{k}m),$$

et comme chaque million de kilogrammes de résistance du mètre carré, ou chaque kilogramme de résistance du millimètre carré, est représenté à l'échelle par 2 millimètres, le nombre de millimètres ε', qui figure la valeur de ε pour un module de 30 kilomètres, est :

$$\varepsilon' = 405{,}72 - 5{,}16\ m.$$

En faisant varier m dans cette équation de 60 à 78, on obtient les valeurs positives de ε' qui se comptent en millimètres sur la verticale à droite de la table, et par les points ainsi marqués on mène des droites convergentes vers l'origine. La table est alors complétée. On aurait, en effet, une valeur nulle pour ε' en faisant $m = \frac{405{,}72}{5{,}16} = 78{,}628$. Cette valeur est celle qui rend le module infini quand ε' n'est pas nul, et indéterminé si ε' est nul.

Du choix du métal conducteur. — Il nous reste à dire quelques mots du choix du métal conducteur. Dans l'état actuel de la métallurgie, on ne peut guère hésiter qu'entre le cuivre et le fer. Le premier coûte environ six fois plus cher que l'autre et conduit environ six fois mieux l'électricité ; mais le prix se paye au poids, tandis que les conductibilités ont été mesurées à la section, c'est-à-dire au volume, puisque la longueur est donnée. Ainsi, le cuivre pesant plus que le fer, la conductibilité du cuivre coûtera plus cher que celle du fer, dans le rapport des densités. De plus, la résistance du cuivre à l'extension est beaucoup moindre que celle du fer et plus incertaine. Les fils de fer sont donc évidemment préférables à ceux de cuivre.

Un barreau de fer rond revêtu d'une plaque de cuivre soudée tout autour étant passé à la filière, on obtiendra un fil de fer plaqué de cuivre qui peut avoir un avantage notable sur le simple fil de fer. En effet, soient 6 millimètres carrés la section de fer, et 1 celle de cuivre : le tout conduira l'électricité comme 12 millimètres carrés de fer et pèsera notablement moins; ainsi, même en ne tenant pas compte de la ténacité du millimètre de cuivre, le fil plaqué aura besoin d'un moindre volume de matière allégeante qu'un fil de fer de 12 millimètres carrés. Le placage en cuivre peut donc devenir avantageux pour les grands modules qui exigent de grands rapports d'allégement. Il procurera de l'économie sur la matière allégeante, ce qui aura un avantage pécuniaire, et en outre un autre avantage dû à ce que, la matière allégeante se trouvant en moindre quantité, sa compression dans les grandes profondeurs sera moins à craindre. Il s'agira, dans chaque application, de minimer le prix de revient du fil, en choisissant parmi les meilleurs fers, et en examinant s'il y a lieu d'appliquer un placage de cuivre plus ou moins considérable. Cette minimation ne présente aucune difficulté théorique; il suffit de l'indiquer. Il y aura lieu aussi d'examiner la conductibilité de l'acier fondu, car sa ténacité approche du double de celle du fer.

Quand M. Sainte-Claire Deville aura mis dans le commerce des fils d'aluminium à bon marché, il conviendra d'éprouver la ténacité et la conductibilité du nouveau métal, car sa singulière légèreté serait un grand avantage. Si sa conductibilité coûtait tout juste autant que celle du fer, il serait préférable au fer à égale ténacité, parce que son poids de 2,560 kilogrammes environ par mètre cube permettrait d'atteindre des profondeurs beaucoup plus grandes avec moins de matière allégeante.

Du choix de la matière allégeante. — Nous avons indiqué dans cette note l'emploi de la gutta-percha ; mais si cette substance vient à se comprimer sous les grandes pressions, de manière à devenir plus lourde que l'eau ambiante, il sera indispensable de recourir à d'autres substances allégeantes. Par exemple le suif, la cire, certaines résines, les huiles, toutes ces substances pures ou mélangées, peuvent être logées dans des tubes minces de caoutchouc ou de gutta-percha, et un faisceau de ces tubes, lié autour d'un fil conducteur revêtu d'une mince enveloppe isolante, formerait un système allégé un peu plus complexe que celui que nous avons soumis au calcul. Quelques-unes de ces substances dépassent à peine 800 kilogrammes par mètre cube, et elles semblent devoir être moins compressibles que le caoutchouc et la gutta-percha. Il sera donc important, surtout pour les très-grandes profondeurs, d'essayer des allégements composés, où les tubes de gutta-percha fourniront principalement la liaison des parties, et où l'allégement proprement dit sera dû surtout à ces matières grasses.

NOTE 6.

Sur les conditions relatives au fil en mouvement et à la détermination pratique du module.

PARAGRAPHE I.

Nous devons à M. Reech directeur de l'Ecole d'application du génie maritime, une remarque importante relative à la résistance de l'eau contre le fil en mouvement pendant la pose.

Cette remarque consiste en ce que, si les points du fil se mouvaient normalement à la courbe qu'il affecte, la loi des tensions ne saurait être altérée. La tension en un point quelconque demeurerait toujours égale à la *tension à fleur d'eau, moins la charge d'une longueur de fil égale à la profondeur du point considéré.* Ainsi un élément du fil, marchant suivant une direction un peu oblique avec la normale à la courbe, rencontre dans l'eau une résistance qui doit être décomposée normalement et tangentiellement à la courbe. La composante normale n'influe point sur les tensions, la composante tangentielle seule agit pour les écarter de la valeur qu'elles auraient dans le cas de l'équilibre. En examinant la partie du type des chaînettes dessinée en pointillé sur la figure 2, on voit déjà que la loi des tensions sera généralement peu altérée par la résistance que le fil rencontrera dans l'eau. Pour apprécier plus exactement ce qui doit se passer en cours de pose, nous remarquons que le profil du fond des mers, suivant les lignes qui ont été sondées, présente en général de faibles déclivités, c'est-à-dire que la profondeur varie très-lentement. Les cas analogues à celui que nous avons représenté dans la figure 3 seront fort rares, excepté quand on aura à traverser des régions où le fond de la mer est parsemé de montagnes abruptes, comme peut être un archipel. Et même en examinant les cartes marines de la Corse et de l'île de Porquerolles, il semble que diverses causes ont effacé sous la mer les inégalités du relief de la surface. Si l'on suppose, par exemple, que le niveau de la mer s'élève de quelques centaines de mètres autour de la Corse, la côte, surtout à l'ouest de cette île, deviendra beaucoup plus découpée, elle présentera une multitude d'îles et de presqu'îles étroites et longues, séparées par des golfes de même forme, qui ressembleront aux fjords de la Norwége. Mais si, au contraire, on suppose que la mer s'abaisse de quelques cent mètres, les découpures aiguës de la côte actuelle s'arrondissent et s'effacent, en grande partie, pour ne plus laisser paraître que la configuration générale du contour de l'ensemble.

Le fond des mers étant donc généralement plat ou du moins incliné en pentes douces, il a paru intéressant d'examiner le cas particulier où la profondeur demeure uniforme sur une grande longueur de la ligne à poser.

Dans ce cas, le navire poseur étant censé se mouvoir d'une vitesse uniforme, le fil doit prendre, sous l'influence de la charge statique combinée avec les résistances, une forme constante, et affecter une courbe qui se transporte parallèlement à elle-même.

C'est là ce que nous nommons le *régime uniforme*, et nous allons montrer quelques propriétés remarquables de la courbe que le fil doit affecter pendant sa pose sous ce régime.

AB (*pl.* 8, *fig.* 2) est une portion de fil déjà posée sur le fond horizontal AC.

La courbe actuelle du fil est B*bm*D.

Au bout d'un certain temps, le navire poseur aura marché de la longueur DD′ et lâché une longueur égale B*b*, laquelle sera venue s'appliquer en BB′ sur le fond horizontal.

La courbe BD se sera transportée parallèlement à elle-même en B′D′, et le point *m* de la *figure* de la courbe sera venu en *n* au même niveau, de telle sorte que *mn* = BB′ = DD′.

Mais le point *matériel m* ne vient pas en *n*, il se place en un point *p* tel, que l'arc *p*D′ est plus grand que l'arc *m*D de toute la longueur de fil lâchée par le bateau poseur. Il suit de là que l'arc *pn* est égal à l'horizontale *mn*, et si le déplacement considéré est infiniment petit, la figure *mnp* devient un petit triangle isocèle, dans lequel l'horizontale *mn* est égale et parallèle à l'élément de la marche du navire, *np* un élément de la courbe du fil, et *mp* un élément de la trajectoire décrite par un point matériel du fil. Or, dans un triangle isocèle, la base est normale à la bissectrice de l'angle opposé. Donc, dans le cas du régime uniforme, « la trajectoire d'un point matériel

« du fil est normale à la bissectrice de l'angle compris entre la tan-
« gente à la courbe du fil et l'horizon ; ou, ce qui revient au même,
« la tangente à la trajectoire est la bissectrice de l'angle compris
« entre la normale au fil et la verticale. »

Ce résultat très-simple conduit à des conséquences importantes. En effet, si la vitesse du navire poseur est v et si α est l'inclinaison d'un élément du fil avec l'horizon, le petit triangle isocèle mnp (*fig.* 3), dans lequel mn est égal à vdt, montre qu'on aura $vdt.\ 2\sin\frac{1}{2}\alpha$ pour l'espace mp, parcouru dans le même temps dt par le point m du fil, en sorte que sa vitesse u sera égale à $2v\sin\frac{1}{2}\alpha$. Ensuite, en projetant mp sur la direction du fil en mq, les longueurs pq et mq mesureront les composantes normale et tangentielle du déplacement de m.

On aura :

$$pq = mp\cos\frac{1}{2}\alpha\,;$$

ou, en remplaçant mp par sa valeur ci-dessus :

$$pq = vdt.\ 2\sin\frac{1}{2}\alpha\cos\frac{1}{2}\alpha\,;$$

ou bien :

$$pq = vdt.\ \sin\alpha.$$

(On obtient le même résultat plus directement en projetant m en r sur le fil après le déplacement.)

Quant au déplacement tangentiel mq, sa valeur est :

$$mp\sin\frac{1}{2}\alpha\,;$$

ou bien :

$$vdt.\ 2\sin^2\frac{1}{2}\alpha.$$

En résumé, la vitesse du navire étant v, un point du fil dont la tangente est inclinée d'un angle α est animé d'une vitesse $u = 2v\sin\frac{1}{2}\alpha$, dont les composantes sont :

Suivant la normale au fil

$$u \cos \frac{1}{2}\alpha = v \sin \alpha\,;$$

et suivant la tangente

$$u \sin \frac{1}{2}\alpha = 2v \sin^2 \frac{1}{2}\alpha.$$

Ainsi, partout où l'inclinaison sera très-petite, la composante normale au fil de la vitesse d'un de ses points sera très-petite du même ordre que l'inclinaison, et la composante tangentielle sera très-petite du *second ordre*.

En outre, la résistance tangentielle est elle-même de l'ordre des frottements des liquides sur les solides à surfaces unies, sans glissement intérieur du liquide sur lui-même, tandis que la composante transversale du déplacement oblige l'eau à s'écarter sous le fil qui descend pour se rejoindre au-dessus ; il y a donc simultanément des glissements de l'eau sur elle-même et des tourbillons qui consomment une notable proportion de force vive.

Il faudra donc multiplier les carrés de vitesses normale et tangentielle d'un point du fil par deux coefficients différents, celui qui convient à la vitesse normale étant beaucoup plus grand que celui qui se rapporte à la vitesse tangentielle. Si l'on désigne ces deux coefficients par k et l, un élément ds du fil rencontre dans l'eau une résistance normale

$$kv^2 \sin^2\alpha.\, ds,$$

et une résistance tangentielle

$$lv^2.\, 4 \sin^4 \frac{1}{2}\alpha ds.$$

Pour de petites valeurs de l'angle α, ces expressions se confondent sensiblement avec

$$kv^2\alpha^2 ds,$$

et

$$lv^2 \frac{\alpha}{4} ds,$$

dont le rapport est :

$$\frac{1}{4}\frac{l}{k}\alpha^2.$$

Ainsi, même pour de grandes valeurs de α, la résistance normale est beaucoup plus grande que la résistance tangentielle, à cause de la petitesse du rapport $\frac{1}{4}\frac{l}{k}$, et pour de petites inclinaisons ce rapport prend une valeur très-petite du second ordre, même indépendamment du petit rapport constant $\frac{1}{4}\frac{l}{k}$.

Il suit de là, et c'est où nous avions à en venir, qu'on aura une suffisante approximation de la courbe du fil dans le cas du régime uniforme, en négligeant la composante tangentielle de la résistance.

Nous avons établi, pour ce cas, les équations différentielles de la courbe funiculaire qui lui correspond, et déterminé en quantités finies plusieurs équations où l'inclinaison des éléments du fil est prise pour variable indépendante, et où entrent les tensions à diverses profondeurs, ces profondeurs elles-mêmes et les rayons de courbure. En prenant ensuite pour le coefficient k la valeur qui convient à un fil de 2 centimètres de diamètre, et supposant une vitesse de pose de 5 mètres par seconde, nous trouvons que l'inclinaison à fleur d'eau sera seulement de 4 ou 5 degrés pour les plus grandes profondeurs. Et comme l'inclinaison va croissant depuis le fond jusqu'à la surface de l'eau, la résistance tangentielle sera toujours extrêmement petite, pourvu qu'on se tienne le plus près possible de la condition recommandée dans notre mémoire, consistant à maintenir constante la tension du fil au point de plongée.

Sans aller plus loin dans les résultats de ces équations, nous nous bornerons pour le moment à remarquer que, pour des régimes uniformes relatifs à un même fil posé dans des mers inégalement profondes, l'écart entre la courbe de pose et celle des chaînettes du type qui correspond à la même flèche devient très-petit vers le fond; et au point de pose la courbe en mouvement a exactement le même rayon de courbure que la chaînette correspondante du type. Mais il n'en est pas de même du rayon de courbure à fleur d'eau.

Lorsqu'on suppose la profondeur uniforme du fond égale au module du fil, on trouve pour la forme du fil une ligne droite, comme pour le cas de l'équilibre; mais cette droite, au lieu d'être verticale, se trouve presque horizontale. On pourrait donc, en marchant assez vite, poser dans une profondeur égale au module, s'il n'était pas nécessaire de conserver au fil posé une tension suffisante pour l'empêcher de se recroqueviller sur lui-même, inconvénient grave en ce qu'il peut amener à consommer en longueur de fil au delà du double de la distance effective [1].

Au reste, quels que soient les avantages de la pose rapide, il faut toujours se ménager la possibilité de ralentir la marche et même de s'arrêter tout à fait, et alors le fil continuera son mouvement en le ralentissant et en changeant de forme pour s'arrêter finalement à une des chaînettes du type relatif au cas de l'équilibre.

PARAGRAPHE II.

Il nous reste à dire quelques mots de la profondeur où un module donné permet de poser, ou plutôt, de la grandeur de module que la prudence exigera pour franchir des profondeurs données.

Le raisonnement sur lequel nous avons établi la règle du module égal à deux fois et demie la plus grande profondeur suppose que le fil est actuellement flottant depuis ce point de départ, représentant l'origine du type jusqu'au navire poseur; mais ce cas extrême ne peut guère se rencontrer dans la pratique [2].

Si nous reprenons la considération d'un fil en cours de pose et qui ne rencontre pas de résistance tangentielle sensible dans l'eau, on peut se demander ce qui se passera dans le cas où le fond se trouverait à une profondeur uniforme moindre que le module.

[1] Non-seulement l'excès de longueur inutile est une cause d'aggravation dans la dépense, mais de plus elle augmente dans une proportion plus grande encore la difficulté du passage du courant.

En outre, en abandonnant sans tension le fil, qui alors s'enroule en spirales inutiles au fond de la mer, on le laisse d'autant plus exposé sans défense, surtout s'il est léger, aux diverses causes d'agitation qui peuvent encore exister au fond de la mer, notamment à la réaction des vagues sur le fond lui-même. Ces actions, pour être, on le pense du moins, à peu près insensibles dans les très-grandes profondeurs, ne laissent pas que d'avoir une certaine intensité dans les petites et moyennes profondeurs; le fil ainsi agité et ballotté ne tarde pas à être détruit; et c'est certainement à cette cause qu'il faut attribuer la ruine du télégraphe de Varna, posé d'ailleurs dans une mer de petites profondeurs.

[2] Il faut, néanmoins, observer que ce cas se réalise complétement lorsque, la distance étant très-grande et pour éviter soit l'excès de charge, soit l'encombrement, on est obligé de charger le fil sur deux navires, et de commencer la pose par le milieu de la distance, ainsi que cela a été pratiqué pour le câble transatlantique.

La partie AB du fil (*fig.* 4) étant posée sur un fond horizontal AC, la suite du fil affecte à un instant donné une chaînette BD, appartenant au type d'égale tension extrême, et nous supposerons que le navire poseur ne fait plus aucun effort pour marcher en avant, ni même pour rester en place.

Le fil, ayant à fleur d'eau la tension-limite adoptée, tire le navire en arrière et le fait reculer lentement. Le bateau, venant ainsi de D en F, une portion BE du fil se pose sur le fond; il s'établit une autre chaînette EF, qui a son sommet en E, au même niveau que la chaînette BD. FE aura donc des tensions moindres que celles de BD pour des profondeurs égales. Dès lors le frein devenant prépondérant, le déroulement s'arrêtera même pour FE, très-voisin de BD.

A la limite, le navire continuant à reculer sans déroulement, sous l'action de la tension décroissante du fil à fleur d'eau, arriverait presqu'en H, de manière à laisser pendre verticalement le fil suivant HG, et la partie BG du fil ainsi posée se trouverait exposée à se retordre sur elle-même, faute de tension. En effet, la tension serait nulle au point G.

La position de la verticale GH est du reste facile à déterminer, en remarquant que la somme BG+GH est égale au développement de la courbe BD, lequel est donné sous l'argument c dans la table de la note 1, GH étant égal à la flèche f. Ainsi la distance BG serait égale à $c-f$ pour une profondeur uniforme égale à f.

On voit donc qu'avec un fond horizontal situé à une profondeur moindre que la longueur du module, il est toujours possible de conserver la stabilité de la tension au moyen du frein.

Mais, s'il existe quelque part une accore brusque sur le fond de la mer, et si elle est tournée en avant, elle peut nécessiter l'emploi d'un module dépassant les profondeurs à la suite de cette accore.

En effet, soit ABC (*fig.* 5) le profil d'une semblable accore; sur la rampe AB le fil est déjà posé, et en avant il est flottant, suivant une chaînette BD du type au-dessus de la pente BC du fond.

Nous avons fait voir dans le mémoire que si le navire continue la pose, le fil affecte au delà de B une suite de chaînettes dont les parties telles que BEF, situées au-dessous du niveau du point de pose B, appartiennent à un certain type réduit de chaînettes d'égale tension extrême. Le module réduit de ce type réduit est moindre que celui du type du fil en cours de pose d'une quantité précisément égale à la profondeur de B au-dessous de la surface de la mer. Il faudrait considérer ce type réduit et sa *courbe-enveloppe* prolongée au-dessus du niveau du point B jusqu'à la surface de la mer ; celle des chaînettes du type réduit qui touche cette courbe-enveloppe à son point de rencontre avec la surface de la mer, étant reportée dans le type de module complet, sa flèche fera connaître la plus grande profondeur où l'accore BC permette de poser en conservant la stabilité de tension extrême.

Ainsi, plus les accores seront près de la surface, plus elles exigeront que le module du fil dépasse les profondeurs qui les suivent. A la limite supérieure, on retrouverait la règle donnée dans le mémoire, prescrivant de prendre un module de deux fois et demie la plus grande profondeur à franchir.

Ainsi, tant qu'on ne tient compte que de la stabilité de la tension au point de plongée, on peut adopter un module très-voisin de la plus grande profondeur à franchir, si le fond est peu accidenté près de cette profondeur maximum. Dans le cas de saillies brusques suivies de grandes profondeurs, il convient d'augmenter le module, sans néanmoins qu'on ait besoin de le porter à plus de deux fois et demie les profondeurs qui suivent les accores.

Mais si l'on tient compte de la tendance du fil à se lever sur lui-même, lorsqu'il est abandonné sans tension, on reconnaît que, même avec un fond sans aucun accident brusque, présentant partout les pentes les plus douces, il est nécessaire que le module dépasse sensiblement la plus grande profondeur. Il sera bon, à ce point de vue et dans chaque cas particulier, de déterminer par des épreuves préalables la tension minimum à laquelle le fil doit être soumis pour éviter le tortillement, et déduire de cette tension minimum la quantité dont le module devra surpasser au moins la plus grande profondeur.

Disons enfin qu'en cherchant à serrer d'aussi près la limite inférieure du module, on ne saurait avoir en vue que l'économie de la matière allégeante. Dans certains cas, cette matière peut être augmentée pour des raisons indépendantes des lois mécaniques. Dans d'autres, l'économie qu'on en pourrait faire ne serait peut-être réalisée qu'aux dépens de la sécurité. D'ailleurs et dans les cas les plus nombreux, ceux des grandes profondeurs, l'économie est insignifiante. En effet, il résulte des formules de la note 5 que les modules croissent avec une extrême rapidité dès qu'ils sont un peu grands, en sorte qu'avec une très-petite augmentation de matière allégeante, on peut augmenter considérablement la grandeur du module, et par suite la *sécurité* résultant de cette grandeur.

Les considérations précédentes ne retiennent qu'une seule hypothèse, celle de l'existence d'une substance allégeante, c'est-à-dire d'une densité moindre que celle de l'eau de mer et dont la compressibilité soit sensiblement du même ordre. Il nous paraît indubitable que de telles substances existent dans la nature, notamment parmi les composés hydrocarburés. Seul le choix est à faire parmi les substances ou combinaisons de substances capables de conserver une légèreté spécifique suffisante sous les plus fortes compressions. Celle dont la densité se maintiendra le plus sensiblement dans un rapport constant avec la densité de l'eau de mer dans les diverses profondeurs devra naturellement être préférée.

De là la nécessité d'une série d'expériences préalables pour déterminer la manière dont les diverses substances, à la fois allégeantes et isolantes, se comportent dans les plus grandes profondeurs sous-marines. Aucun moyen artificiel ne peut reproduire à la surface du globe les pressions qui correspondent à ces profondeurs. C'est donc dans ces profondeurs elles-mêmes qu'il convient d'instituer les expériences comparatives. Quant à l'organisation spéciale de ces expériences, nous nous proposons d'en faire prochainement l'objet d'un nouveau travail.

TABLE DES MATIÈRES.

NOTES.

TYPOGRAPHIE HENNUYER, RUE DU BOULEVARD, 7, BATIGNOLLES.
Boulevard extérieur de Paris.

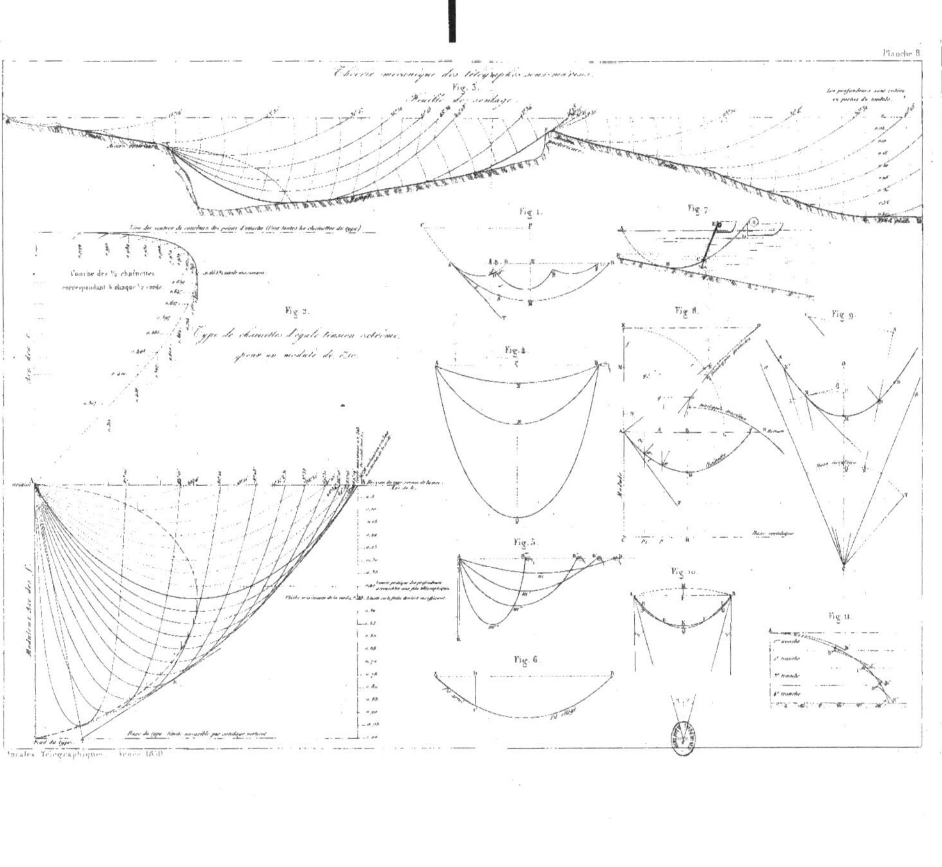
Planche 8
Théorie mécanique des télégraphes sous-marins.
Fig. 3.
Feuille de sondage.
Fig. 1.
Fig. 7.
Courbe des ½ chaînettes
correspondant à chaque ½ corde.
Fig. 2.
Type de chaînettes d'égale tension extrême,
Fig. 4.
Fig. 8.
Fig. 9.
Fig. 5.
Fig. 10.
Fig. 11.
Fig. 6.
Fond du type.
Annales Télégraphiques.

Théorie mécanique des télégraphes sous-marins.

Fig. 1.

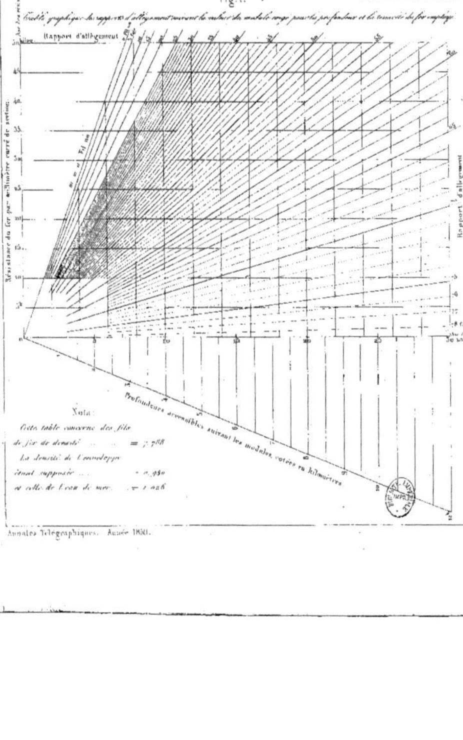
Tracé graphique des rapports d'allégement suivant la valeur du module rompu pour les profondeurs et la ténacité du fer employé
Rapport d'allégement
Résistance du fer par millimètre carré de section
Rapport d'allégement
Profondeurs accessibles suivant les modules, cotées en kilomètres
Nota:
Cette table concerne des fils de fer de densité = 7,788
La densité de l'enveloppe étant supposée = 0,980
et celle de l'eau de mer = 1,026

Fig. 2.

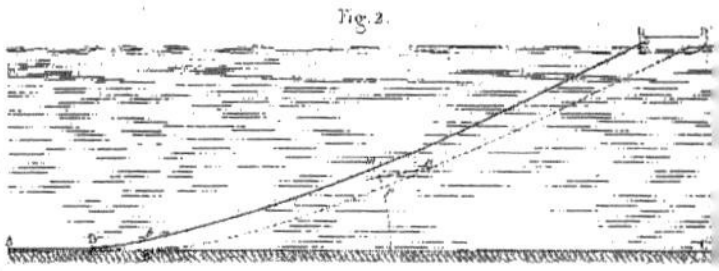

Fig. 3.

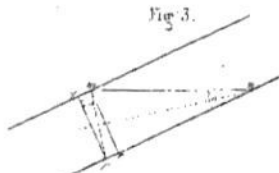

Fig. 4.

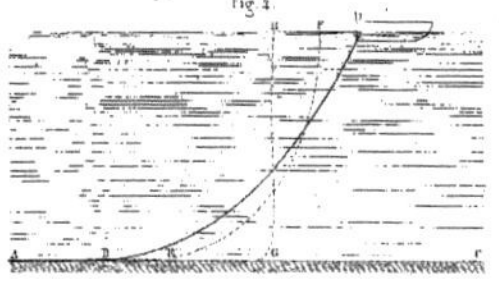

Fig. 5.

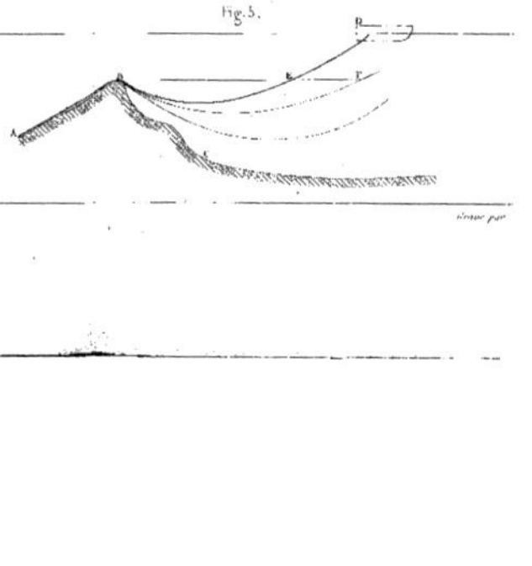

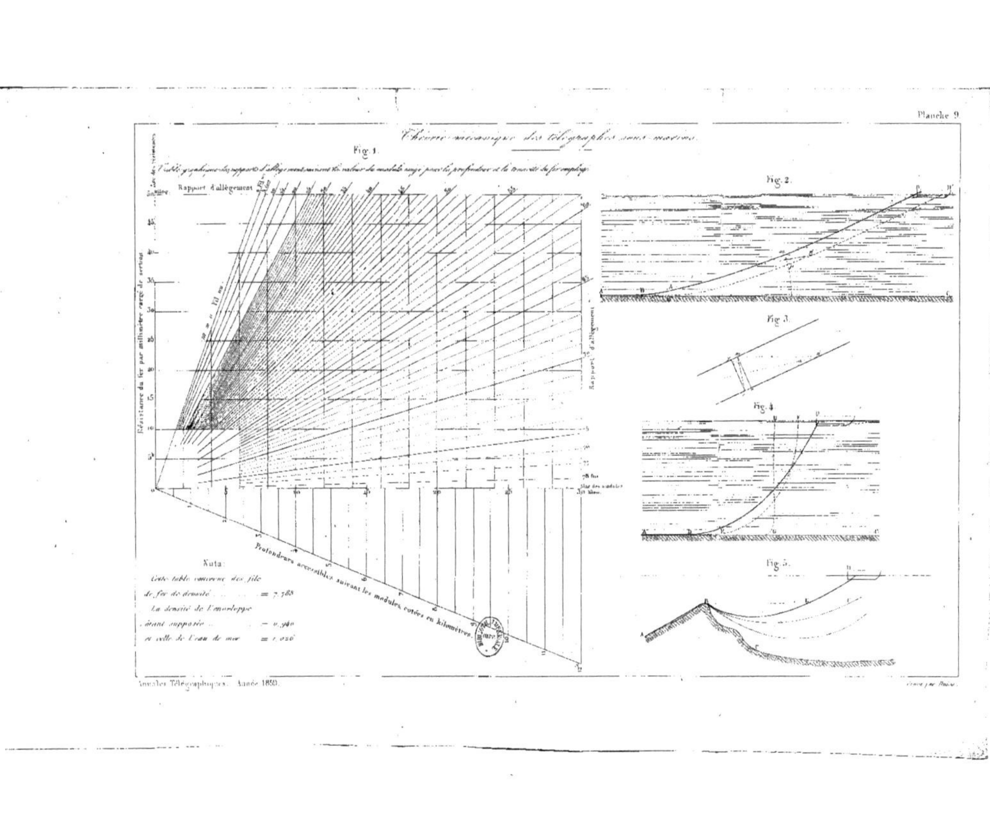
Théorie mécanique des télégraphes sous-marins.
Fig. 1.
Rapport d'allègement
Résistance du fer par millimètre carré de section
Rapport d'allègement
Profondeurs accessibles suivant les modules cotées en kilomètres.
Nota:
Cette table convient des fils
de fer de densité = 7,788
La densité de l'enveloppe
étant supposée = 0,940
et celle de l'eau de mer = 1,026
Fig. 2.
Fig. 3.
Fig. 4.
Fig. 5.

www.ingramcontent.com/pod-product-compliance
Ingram Content Group UK Ltd.
Pitfield, Milton Keynes, MK11 3LW, UK
UKHW022132190726
13855UKWH00003B/1106